The Rules and Skills
of Decoration Design

软装设计 从入门到精通

软装搭配的黄金法则和常用技巧

李江军 编著

化学工业出版社

·北京·

图书在版编目（CIP）数据

软装设计从入门到精通 ： 软装搭配的黄金法则和常
用技巧 / 李江军编著． -- 北京 ： 化学工业出版社，
2020.9（2022.9重印）
ISBN 978-7-122-37182-9

Ⅰ．①软… Ⅱ．①李… Ⅲ．①室内装饰设计 Ⅳ.
①TU238.2

中国版本图书馆CIP数据核字（2020）第096272号

责任编辑：林　俐　刘晓婷　　　　　　　　　　装帧设计：王晓宇
责任校对：边　涛

出版发行：化学工业出版社（北京市东城区青年湖南街13号　邮政编码100011）
印　　装：北京瑞禾彩色印刷有限公司
787mm×1092mm　1/16　印张 17　字数 350 千字　2022 年 9 月北京第 1 版第 2 次印刷

购书咨询：010-64518888　　售后服务：010-64518899
网　　址：http://www.cip.com.cn
凡购买本书，如有缺损质量问题，本社销售中心负责调换。

定　价：99.00 元　　　　　　　　　　　　　　版权所有　违者必究

前言

软装设计由建筑设计中的装饰部分演变而来，是对建筑物内部环境的再创造。合理的软装设计可以在很大程度上改善居住环境的品质，同时赋予室内空间更多的艺术气质。软装设计作为一门新兴的学科，尽管还只是近十年的事，但人们有意识地对自己生活、工作的空间进行安排布置以及美化装饰，却早已从人类文明伊始的时期就开始了。人类最初的软装设计，只是工艺品的点缀，随着生产力的进步、物产的丰富，室内装饰元素的种类在不断增加，形式也更加丰富。

现代软装设计泛指对室内的色彩搭配、照明灯饰、家具类型、布艺织物、软装饰品等元素的规划与设计。在确定室内软装设计的立意与构思时，需对整体环境、硬装格局以及个人喜好等因素进行多方面考虑。

软装设计是一个系统的工程，想要成为一名合格的软装设计师或者想要学习软装方面的专业知识，不仅要了解软装设计的基础入门知识，熟悉多种多样的软装风格，还要培养一定的色彩美学素养，对品类繁多的软装元素更是要了解其应用法则。而对于软装专业教学和教程来说，如果仅有空泛枯燥的理论，没有进一步形象的阐述，很难让缺乏专业知识的人了解和掌握软装设计。

《软装设计从入门到精通：软装搭配的黄金法则和常用技巧》是一本真正对软装设计全方面深入解析的图书。为了确保本书内容的实用性、准确性和丰富性，本书编者花费一年多的时间，查阅了大量国内外软装资料，再结合国内软装设计的发展特点归纳出一系列适合实战应用的软装设计规律。重点内容包括软装设计风格定位、软装设计材料类型、软装设计色彩搭配、软装元素实战摆场等。

本书力求结构清晰易懂，知识点深入浅出，摒弃了传统软装图书诸多枯燥的理论，以图文并茂的形式，展开颇具深度的软装设计课程。本书不仅可以作为室内设计师和相关从业人员的参考工具书、软装从业者的普及读物，也可作为高等院校相关专业的教材。

目录

Contents

1

DESIGN

软装设计
从入门
到精通

第一章

软装
设计
基础
入门

软装设计概论

一 软装设计定义

广义的软装设计的起源可以追溯到远古时代,那时,远古人类用兽皮、兽骨等装点自己的居住环境,而且随着季节的不同与居住环境的差异,会使用不同的装饰物,这就是最原始的软装。而现代的软装设计兴起于 20 世纪 20 年代的现代欧洲,又称为装饰艺术,也称"现代装饰艺术"。

所谓现代的软装设计,是指在硬装结束后,通过家具与装饰品的摆放,对室内空间进行再次设计装饰。软装设计是相对于建筑本身的硬结构空间设计而提出来的,是建筑视觉空间的延伸和发展,同时也是赋予居住环境生机与精神价值的手段和方式。近几年来,全国各地开始陆续出台精装房的相关政策条例,也就是说,毛坯房交付的时代将逐步退出房地产市场。精装房在交付时基本已完成硬装施工,所以后期主要是通过软装设计完成入住前的装饰。

△ 通过后期的软装布置，可以实现居室的换颜

软装设计是目前室内装饰中必不可少的重要环节。很多家具店、灯饰店、布艺店的销售人员也会自称为软装设计师。其实软装设计是一门体系庞大的学科，它需要设计者对空间、艺术、生活方式有一定的分析和洞察力，要根据客户的生活习性和空间环境挑选产品，确定摆设位置，还要根据不同的风格对装饰元素进行搭配组合。

从软装的功能性来看，一般分为实用性和观赏性两大类。实用性软装指的是具有很强功能性的物品，如沙发、灯具、布艺等。观赏性软装是指主要供观赏用的陈设品，如装饰画、花艺、饰品等。整套软装设计方案里面或许要涉及十几个产品商家，所以最好还是听取专业软装设计师的意见，如果居住者单独购买搭配，很难做到完整性。

◆ **实用性软装**

◆ **装饰性软装**

二 软装设计元素

软装设计包括家具陈设、灯饰照明、布艺织物、墙面壁饰、装饰摆件等五大元素，每个元素又有许多细分种类构成。想成为一名软装设计师，必须熟悉和了解这些软装元素的风格类型、功能特性以及材料工艺等，以便在软装布置时更好地驾驭它们，充分发挥它们自身的特点及其作用。

△ 软装设计元素种类繁多，需要事先做好整体规划

软装设计元素

 家具陈设　沙发类家具、床类家具、桌几类家具、柜类家具、椅凳类家具等。

 灯饰照明　悬吊式灯饰、附墙式灯饰、吸顶式灯饰、落地式灯饰、嵌入式灯饰、移动式灯饰、隐藏式灯饰等。

 布艺搭配　窗帘布艺、床品布艺、靠枕布艺、地毯布艺、桌布与桌旗布艺等。

 装饰摆件　花器与花艺、餐桌摆饰、工艺品摆件等。

 墙面壁饰　装饰画、照片墙、装饰挂镜、装饰挂钟、工艺品挂件等。

① 家具陈设

家具是指日常生活中具有坐卧、凭倚、贮藏、装饰等功能的生活器具，是维持家居正常生活的重要元素之一。因为是软装设计中面积最大的组成元素，所以往往通过家具的风格来塑造整体风格基调。家具大致可以分为支撑类家具、储藏类家具、装饰类家具。包括沙发类家具、床类家具、桌几类家具、柜类家具、椅凳类家具等。

△ 家具陈设

② 灯饰照明

灯饰对于体现空间特点有着至关重要的作用，除了可以满足室内的基本照明外，还能为家居环境营造出富有艺术气息的氛围。随着现代科技的进步，出现了荧光灯、节能灯、LED灯等新型光源，使灯饰设计有了更大的可能性。常用灯饰包括悬吊式灯饰、附墙式灯饰、吸顶式灯饰、落地式灯饰、嵌入式灯饰、移动式灯饰、隐藏式灯饰等。

△ 灯饰照明

③ 布艺织物

布艺是软装设计中最为常用的一种元素，不仅作为单纯的功能性运用，更多的是用来调和室内硬装的生硬与冰冷。丰富多彩的布艺图案可以为居室营造出或清新自然，或典雅华丽，或高贵浪漫的格调。通常包含窗帘布艺、床品布艺、靠枕布艺、地毯布艺、桌布与桌旗布艺。

△ 布艺织物

④ 墙面壁饰

墙面壁饰是软装设计中的有机组成部分，它的出现可以给墙面增加一分艺术的美感，给室内带来一股灵动的气息，使得整个家居环境和谐美好。墙面壁饰通常包括装饰画、照片墙、挂镜、挂钟以及工艺品壁饰等。

⑤ 装饰摆件

装饰摆件是软装设计中最有个性和灵活性的元素，它不仅仅是室内空间中的一种摆设，更多代表的是居住者的品位和时尚，给室内环境增添个性的美感。装饰摆件通常包括花器与花艺、餐桌摆饰、工艺品摆件等。

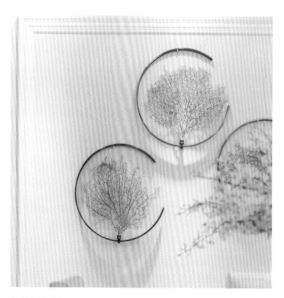

△ 墙面壁饰

△ 装饰摆件

软装设计是一项系统化的工程，最好在硬装设计之前就介入，或者与硬装设计同时进行。软装设计的顺序有严格的要求，事先也要精心准备，只有安排好每一个工作流程，才能成就完美的软装案例。

在进行软装设计时，不能只考虑视觉上的美观度，还要考虑空间的实用性以及生活场景的营造。在设计过程中，设计师要做的是对生活场景的还原，而不是再创造。通过营造有生活气息、有温度感的场景，让室内空间有人物、有温度、有属性。

软装项目进度表

时间	天数																																		
采购项目	1	2	3	4	5	6	7	8	9	10	11	12	13	14	15	16	17	18	19	20	21	22	23	24	25	26	27	28	29	30	31	32	33	34	35
家具																																			
灯饰																																			
装饰画																																			
地毯																																			
装饰品																																			
花艺																																			
窗帘																																			
床品																																			

	方案图纸确认期
	色板与物料板确认期
	采购期
	制作期
	整理出货

首次空间测量

进行软装设计的第一步，是对空间进行测量，只有了解基础硬装，对空间的各个部分进行精确的尺寸测量，并画出平面图，才能进一步展开其他的装饰。为了使今后的软装工作更为顺利，对空间的测量应当尽量保证准确。

与居住者进行风格和细节的沟通

在探讨过程中要尽量多与客户沟通，了解客户喜欢的软装风格，准确把握装饰的方向。尤其是涉及家具、布艺、饰品等细节元素，特别需要与客户进行细致沟通。这一步骤主要是为了使软装设计元素的搭配效果既与硬装的风格相适应，又能满足客户的特殊需要。

初步构思软装方案

在与业主进行深入沟通交流之后，可以确定室内软装设计初步方案。初步选择合适的软装配饰，如家具、灯饰、挂画、饰品、花艺等。

完成二次空间测量

在软装设计方案初步成型后，就要进行第二次的房屋测量。由于已经基本确定了软装设计方案，第二次要比第一次的测量更加仔细精确。软装设计师应对室内环境和软装设计方案初稿进行反复考量，反复感受现场的合理性，对细部进行纠正，并全面核实饰品尺寸。

制定软装方案

软装设计方案达到业主初步认可后，进一步对配饰的进行调整，并明确方案中各项软装配饰的价格及组合效果，按照设计流程进行方案制作，制定正式的软装整体设计方案。

讲解软装方案

为业主系统全面地介绍正式的软装设计方案，并在介绍过程中听取和反馈业主的意见，并征求所有家庭成员的意见，以便对方案进行下一步的调整。

调整软装方案

在与业主进行完方案讲解后，在确保业主了解软装方案的设计意图后，软装设计师也应针对业主反馈的意见对方案进行调整，包括软装整体配饰的元素调整与价格调整。

确定软装配饰

一般来说，家具占软装产品比重的 60%，布艺类占 20%，其余的如装饰画、花艺、摆件以及小饰品等占 20%。与业主签订采买合同之前，先与软装配饰厂商核定价格及存货，再与业主确定配饰。

签订软装设计合同

与业主签订合同，尤其是定制家具部分，确定定制的价格和时间。确保厂家制作、发货的时间和到货时间，确保室内软装设计的整体进度。

进场前的产品复查

软装设计师要在家具未上漆之前亲自到工厂验货，对材质、工艺进行初步验收和把关。在家具即将出厂或送到现场时，设计师要再次对现场空间进行复尺（安装前再次核对产品与现场尺寸，确保安装的顺利进行）。

进场后的安装摆放

配饰产品进入场地后，软装设计师应亲自参与摆放，对于软装整体配饰里所有元素的组合摆放要充分考虑元素之间的关系以及业主的生活习惯。

做好饰后服务

软装配置完成后，应做好后期的服务，包括保洁、回访跟踪、保修勘察及送修。

软装设计流程步骤

一 方案设计

软装设计如同绘画艺术，要注重画面的整体感。在制定软装方案时，也需遵循空间设计的统一原则。最好先确定色彩和材质的主线，从整体出发的搭配，才会显得更协调。

软装方案有多种排版方式。概念方案排版形式比较简单，经常用于方案前期提出某个概念形式；线性导视的排版形式是平面图结合想表达的意向图片，用线形的方式连接在一起，比较简单易懂，但美观上稍微差一点；立面的排版形式常用于私人客户的方案，因为私人客户对空间的概念没有那么好，这样可以看得更直观一些。情景组合排版形式的难度系数略高，因为需要修图软件来辅助完成，其展示形式的视觉效果会相对漂亮一些，通常用于投标项目。

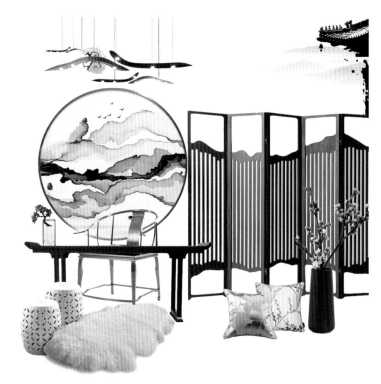

△ 新中式风格软装方案

△ 轻奢风格软装方案

① 封面设计

封面是软装设计方案给甲方的第一印象，是非常重要的，封面的内容除了标明"某某项目软装设计方案"外，整个排版要注重设计主题的营造，封面选择的图片清晰度要高，内容要和主题吻合，让客户从封面中就能感觉到这套方案的大概方向，引起客户的兴趣。

② 目录索引

目录索引是实际要展示内容的概括，要根据逻辑顺序列举清楚，可以简单地配图点缀，但图的面积不要太大。

③ 客户信息

客户信息需要描述清楚客户的家庭成员、工作背景和爱好需求，再通过这些信息了解客户对使用空间的真正设计需求。

④ 平面布置图

软装设计的平面布置图，图片要清晰完整，可以去除多余的辅助线，尽量让画面看起来简洁清爽。

⑤ 表达设计理念

设计理念是贯穿整个软装工程的灵魂，是设计师表达给客户"设计什么"的概念，所以在这页通过精练的文字表达清楚自己的思想。

⑥ 风格定位

一般软装的设计风格基本都延续硬装的风格，虽然软装有可能会区别于硬装，但是一个空间不可能完全把两者割裂开来，更好地协调两者才是客户最认可的方式。

⑦ 色彩与材质定位

设计主题定位之后，就要考虑空间色系和材质定位。运用色彩给人的不同心理感受进行规划，定位空间材质找到符合其独特气质的调性，并用简洁的语言表述出细分后的色彩和材质的格调走向。

⑧ 软装方案

根据平面图搭配出合适的软装产品，包括家具、灯饰、饰品、地毯等，方案排版需尽量生动、符合风格调性，这样更有说服力。

⑨ 单品明细

将方案中展示出的家具、灯饰、饰品等重要的软装产品的详细信息罗列出来，包括名称、数量、品牌、尺寸等，图片排列整齐，文字大小统一。

⑩ 结束语

封底是最后的致谢表达礼仪，版面应尽量简洁，让人感受到真诚，风格和封面呼应，加深观看者的印象。

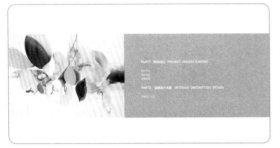

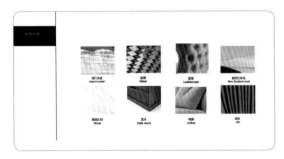

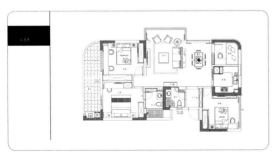

二 预算报价

一份全面的软装报价清单可以让各产品的价格一目了然，同时也便于明确双方的责任。一份报价单应包括封面、预算说明、汇总表、分项报价单等内容。预算完成后，报价单的编制也就水到渠成了。当然在真正的项目开始实施后，变更联系单、验收单等也会成为完整合约的组成部分。

1 产品核价单

产品核价单是指设计师根据软装方案细化的产品列表清单，这个表格内要详细注明项目位置、序号、所报产品名称、图片、规格、数量、单价、总价、材质以及必要的备注，任何一个细节的缺失都有可能造成报价的不准确，而且会给此后各项步骤留下非常多的隐患。并且需要分别制作家具、灯饰、窗帘、床品、地毯、装饰画、花艺、装饰品等表格，原则是根据不同的供应商制作针对性的核价单，制作好以后就可以发给相应的合作商确定产品的底价。

2 分项报价单

经过分项核价后，基本上可以把各项目的成本价格核算清楚，剩下要做的是制作利润合理的分项报价单，分项报价单基本上是在核算单的基础上进行的。在编制分项报价清单的时候，要注意根据产品实际情况进行材质、颜色、尺寸、备注等项目的调整，一般这个时候的报价单上注明的一切都是作为软装设计机构对客户的承诺，所以要特别细致地做好这项工作，尤其要注意的是大件产品的运费一定要计入成本核算。

3 项目汇总表

在各分项报价完成后就要制作一份由家具、灯饰、窗帘、床品、地毯、装饰画、花艺、装饰品等各分项报价单组成的报价汇总表，在报价汇总表中，可以很清楚地看到每个分项所需要花费的价钱和该分项占整个软装项目的比例，能让软装设计师和客户对项目的重点有非常清晰的认知。同时在这个表格中必须明确各个注意事项和责任，其中供货周期也是必不可少的内容。

软装报价清单举例（表中报价仅供参考）

区域	品名	图片	规格（长 x 宽 x 高）/（mm × mm × mm）	数量	单价/元	总价/元	材质
玄关	玄关桌		1600 × 450 × 800	1	10200	10200	木皮 钛金拉丝不锈钢 玄关桌
	换鞋凳		690 × 490 × 460	1	5100	5100	灰金色布 钛金拉丝不锈钢 坐凳
客厅	主沙发		3200 × 1200 × 800	1	17050	17050	钛金拉丝不锈钢 布艺软包 组合沙发
	茶几组合		944 × 445 × 400	1	9100	9100	钛金拉丝不锈钢 阿曼玫瑰 组合茶几（高）
			1000 × 665 × 345	1	9400	9400	钛金拉丝不锈钢 阿曼玫瑰 组合茶几（矮）
	组合角几		440 × 430 × 620	1	4350	4350	钛金拉丝不锈钢 绿色玛瑙石 组合边几（高）
			390 × 390 × 450	1	2500	2500	钛金拉丝不锈钢 绿色玛瑙石 组合边几（矮）
	角几		450 × 450 × 480	1	5900	5900	不锈钢拉丝 香槟金黑色玻璃 组合茶几（小）
	角几		380 × 380 × 615	1	6500	6500	拱形不锈钢 钛金拉丝圆几
	电视柜		2200 × 500 × 600	1	26000	26000	黑桃树瘤 亮光漆 钛金拉丝不锈钢 电视柜

区域	品名	图片	规格（长×宽×高）/ （mm×mm×mm）	数量	单价/元	总价/元	材质
客厅	转椅		800×830×810	1	7800	7800	钛金拉丝不锈钢 布艺软包转椅
	休闲椅		685×750×850	1	6400	6400	胡桃木 深色半光漆 钛金拉丝不锈钢 单椅
书房	书桌		1680×700×760	1	13950	13950	黑桃树榴木皮亮 光贴牛角片钛金 不锈钢书台
	书椅		730×810×1250	1	17800	17800	钛金拉丝皮艺软 包书椅
	装饰架		2000×500×2080	1	13600	13600	黑桃树榴木皮亮 光钛金拉丝装饰 架
餐厅	餐椅		550×620×1000	8	4600	36800	灰色绒布黑色亮光 钛金拉丝不锈钢 餐椅
	餐桌		22000×1100×760	1	24960	34960	金属+ 大理石
	餐边柜		1600×500×800	1	16900	16900	黑桃树瘤 亮光漆 钛金拉丝不锈钢 边柜
茶室	三人沙发		2360×900×750	1	15900	15900	桦木深咖色钛金 拉丝三人沙发
	矮凳		420×420×450	2	3500	7000	钛金拉丝不锈钢 布艺软包妆凳
主卧	床		2130×1970×1550	1	14200	14200	灰色布艺床

区域	品名	图片	规格（长x宽x高）/（mm×mm×mm）	数量	单价/元	总价/元	材质
主卧	床头柜		600×450×550	1	6750	13500	不锈钢拉丝香槟金山纹胡桃木皮封闭七分光铸铜拉手皮革软包床头柜
	斗柜		1600×500×800	1	16900	16900	黑桃树瘤亮光漆钛金拉丝不锈钢斗柜
	休闲椅		1600×500×800	1	8300	16600	山纹胡桃木皮开放漆亚光布艺软包单椅
	角几		450×450×620	1	8650	8650	不锈钢敲打板钛金拉丝角几
	床尾沙发		450×450×620	1	8650	8650	银灰色绒布钛金拉丝不锈钢三人位沙发

报价汇总表样例

分项	价格/元	运输费/元	安装费/元	税金(13%)	小计	占比
家具	322000	10000	8000	44200	384200	48.8%
灯具	129050	4000	8000	18336	159386	20.3%
饰品	153812	8500	3000	21490	186802	23.7%
地毯	9600	2000	800	1612	14012	1.8%
装饰画	25050	3200	1800	3906	33956	4.3%
窗帘	7980	0	0	1037	9017	1.1%
小计					787373	

供 货 周 期：家具（45日）、灯具（30日）、饰品（20日）、地毯（20日）、装饰画（15日）、窗帘（10日）

注意事项和责任：对产品的数量、规格、型号有疑义，或后期需要改动的，请在产品的供货周期外以联系单形式通知我方。

三 合同制定

目前，软装项目缺乏有效监管，没有相关的政策法规，也没有形成专门用于软装项目的合同范本。各个软装公司使用的文本，基本上是从硬装合同和产品采购合同两种文本演化而来的，但毕竟软装项目具有自己的特性，涉及的内容是有别于硬装和采购的，所以一份有效的软装项目合同，是甲乙双方利益的有效保证。

① 封面

一个软装项目的合约书需要设计一个标准的封面，封面的设计能反映出设计机构的品牌度，是客户对合约的第一印象。

② 软装项目设计任务书

任务书是贯彻整个项目的文件，从第一时间与客户接触开始，就要详细记录各个细节。

③ 意向协议书

协议书第一时间明确软装设计的产品，需要支付一定比例的设计费，这些是签订软装服务合同的前奏。

④ 整体软装服务合同书

应包含软装设计方案、报价执行表、联系单等。

⑤ 变更联系单

由于软装项目涉及面广，哪怕在合同签订以后，也有非常大的机会进行调整，这个时候签订一份变更联系单变得非常重要，可以避免因项目变更造成的各种纠纷。

⑥ 验收单

项目完成后签署一份验收单，并从此进入项目保修阶段。

甲方：

乙方：

兹由甲方委托乙方承担 ＿＿＿＿＿＿＿＿＿ 项目室内软装设计、定制、采购、摆放工作，经双方协商一致签订本合同如下。

工程地点 ＿＿＿＿＿＿＿＿＿

工程项目 ＿＿＿＿＿＿＿＿＿

工作周期 ＿＿＿＿＿＿＿＿＿

第一条　工程制作周期与阶段

1. 采购及定制阶段：合同签订并在乙方收到甲方的预付款后，＿个工作日内完成所有采购及定制工作。

2. 安装摆放阶段：采购及定制阶段完成后，乙方收到甲方现场所有硬装饰施工完成并退场，现场清洁完毕的确认函后三天内，到达现场完成安装、摆放工作。

3. 工程周期：＿个工作日（合同签订后，甲方费用及时到位的情况下）。

第二条　工程费用

工程费用　本项目工程费用总计为人民币（大写）：＿＿＿拾＿＿＿万＿＿＿仟＿＿＿佰＿＿＿拾＿＿＿元＿＿＿角整（小写）：¥＿＿＿元　该工程费用中已包含：①设计、管理、采购成本费＿＿＿＿＿，②税金 ＿＿＿＿＿。

第三条　费用给付进度

1. 本合同签订之日起三天内，甲方预付费用总金额的 60%，即人民币＿＿＿＿＿元；

2. 货到现场甲方接收并付给乙方费用总金额的 20%，即人民币＿＿＿＿＿元；

3. 安装、摆放工作完成并于同一天双方交接验收，验收通过后，甲方在三天内付清余款 20%，即人民币＿＿＿＿＿元。

第四条　送货事宜

货物接收及摆放过程配合，甲方提供收货地址，乙方自行解决卸货人员及卸货工具相关问题。运送期间或送至甲方指定地点时配饰全部或部分受到损坏，乙方须立刻为甲方免费更换或维修，项目交货期不予顺延。

第五条 甲方权利义务

1. 甲方应按照合同约定支付货款，对于延期支付，乙方的到货时间顺延。

2. 甲方应按合同约定作好现场安装的工程配合工作。具体包括以下各条。

（1）为保持饰品不受损坏，交货时现场须清理干净，施工人员不得留在现场，工程验收交钥匙后乙方进场安装摆放；

（2）进入样板间的道路整洁，确保货车能够开入样板间门口，如道路不具备条件，甲方应协调解决，保证货物进入样板间；

（3）保证样板间内水、电的正常使用；

（4）如样板间的配饰已点数交接，硬装工程又进场返工所造成的家具、饰品等移位与污损，乙方不再重新摆放和维修、更换；

（5）如发生上述四种任何其一情况时，乙方有权拒绝进场，同时工期顺延。

第六条　质量要求

1. 乙方保证本合同项下配饰是全新的，其质量、规格和性能等各项指标均符合国家和项目所在地相关标准、规范及设计要求，并且符合本合同附件规定的标准以及双方已封存的样品的质量标准。

2. 乙方保证其具有签署和履行本合同所必要的权利能力和行为能力，并保证本合同项下之产品不涉及知识产权、未经授权、假冒等法律瑕疵。

第七条　检查与验收

1. 乙方将该批配饰运至本合同约定地点后，货物质量验收由甲方、乙方共同完成。验收合格标准为：已封样物品同封样，没有封样物品参考同行业中同等物品为比较基础。

2. 若乙方不及时派人参与现场交验，则甲方有权自行验收，并对质量不合格、损坏等做出记录，视为乙方认可并负责处理。

3. 货物点验：由甲乙双方在交货地点共同清点后在交接清单上签字确认。甲方指定代表若有变动应及时书面通知乙方。

4. 甲方应在货物交付后检查货物数量、规格、型号及质量，并将任何短缺、超出、损坏或其他与合同不符的情况书面通知乙方，乙方将于五日内依据甲方通知及时予以更换、调整、补齐货物。

第八条　违约责任

1. 甲方在本合同约定时间内无故拖延付款的，每逾期 1 日，甲方应当按照中国人民银行公布的银行同期贷款利率支付违约金。

2. 乙方迟延交货的违约责任为：乙方每逾期 1 日，须向甲方支付合同总价的千分之一作为违约金，直至实际全部按照本合同规定的条件交付配饰之日为止，如由甲方原因造成的工期延误，乙方不承担责任。

甲方：　　　　　　　　　　　　　　　乙方：

负责人签字：　　　　　　　　　　　　负责人签字：

　年　　月　　日　　　　　　　　　　　年　　月　　日

四 物品采购

软装物品的种类繁多,在采购前应该对其进行分类,然后按照分类进行采购。一般采购的物品分类包含:家具、灯饰、窗帘、地毯、床品、装饰画、花艺、装饰品。正确的采购顺序是先购买家具,再购买灯饰和窗帘、地毯、床品,最后购买装饰画、

花艺、装饰品等。由于家具制作工期较长,布艺、灯饰次之,因此按顺序下单后,可以利用等待制作的时间去采购其他装饰品。有条不紊地进行采购,能在很大程度上提升软装设计的效率。

采购顺序	家具		装饰画、花艺、装饰品

灯饰、窗帘、地毯、床品

1 家具采购

在整个软装项目中,花费最高的通常是家具部分,所以家具的采购是非常关键的环节。市场出售的成品家具适应于大众户型,如果户型结构比较独特,也可以选择定制家具,不仅能满足不同空间的

尺寸需求,还能更好地表现家居设计的个性。通常,工程类客户一般都会选择定制类家具,一些要求较高的商业客户会选择进口品牌家具,而家居类的客户则比较中意国内各大家具卖场的品牌家具。

◆ 采购纯进口家具

进口家具品牌往往有数十或上百年的文化积淀，在国际上有很好的知名度，有较好的品质保证。但因为要从海外运来，所以货期一般都在 2 个月以上，有些畅销产品甚至要等半年以上，因此在采购此类家具时，一定要留好足够的时间。

◆ 采购国产品牌家具

近几年家具业的发展突飞猛进，涌现出许多优秀的国产品牌，各大城市也都出现了大型的专业家具卖场。此类家具选择余地大，但基本上都是按空间来规划的成套的大批量生产的家具，想采购到非常个性和独特的家具则比较困难。

◆ 采购定制类家具

定制家具的模式非常适合工程类客户，如售楼处、样板间、酒店、会所等，制作灵活，工期短。家具定制需要注意以下这些流程。

家具定制流程

 确定尺寸 → 准确测量和核实空间尺寸，这是定制家具最容易出错的环节。如果施工还没有完成，只能根据 CAD 图纸确定，如果施工已经进行到一定的程度，甚至硬装已经完成，一定要到现场核实具体尺寸。

 描述细节 → 家具是有很多细节的，比如金箔该用什么颜色，雕花的线条该多粗多深，木料是用哪种，采用封闭漆还是开放漆等，下单时对这些细节要有详细地描述，对后期跟单会起到事半功倍的效果。

 翻样确定 → 一般情况下，软装配饰方案中涉及的家具，都需要家具厂进行翻样设计，制作出翻样稿。软装设计师一定要对翻样稿进行严格的确认，包括尺寸、材质、颜色和造型等，最好还要给客户作确认。

下单及跟单 → 正式下单后，要有专人每隔几天进行跟单核实，避免造成不必要的损失。

 收货验货 → 发货时一定要求厂方对产品进行安全到位的包装，并在收货时再次认真地核实细节。

② 灯饰采购

灯饰的采购基本有两种方式：一种是按图样定制，另一种是直接选样采购。在整个灯饰采购过程中，需要对款式、材质和工期进行严格选择和控制。定制灯饰在设计上必须和项目空间非常协调，因为定制灯饰具有单一性，只此一件，如果因为款式问题不能使用，会造成很大的浪费和损失。下单时一定要核实清楚材质，看上去效果差不多的材料，实际价格相差甚远，比如水晶就有进口、国产 A 级、普通水晶等很多种，在采购过程中一定要和供应商确认清楚用的是哪种材料。灯饰的制作工期相对较长，一般下单家具后，就要下单灯饰部分了。

③ 布艺采购

窗帘、地毯、床品等布艺的采购，是整个软装过程中非常重要的环节。目前的软装设计公司一般通过定制和成品采购两种方式解决布艺采购的问题。布艺比如窗帘、床品等的加工，正常情况下需要10~20 天才能完成。

黄金法则和常用技巧

布艺的采购顺序通常与人的视觉关注度的层次有关。一般走进一个新空间当中，人们的视觉点会分为四层关注度：第一层为家具布艺，第二层为窗帘布艺，第三层为墙面布艺，第四层为装饰类小件物品。可以根据这个顺序来采购布艺类产品。

4 装饰画采购

装饰画一般来说可分为印刷画、定制手绘画、实物装裱三类。

第一类是印刷画，需要 1~2 周的生产时间，设计师根据整体方案选择合适的画框、装裱的卡纸以及相应风格的画芯。画芯、卡纸及画框的装裱，这个过程大概需要 7~10 天的时间。画装裱完之后就可以开始打包，一般需要 1~3 天的时间。

第二类是定制手绘画，生产时间大概需要 1~2 个月。有些绘画技法需要进行反复的上色，几次上色之间需要干燥时间，因此绘制周期一般要给到 20~50 天。较为充裕的时间能较好地保证定制画作呈现出良好的视觉效果。

第三类是实物装裱，也称之为装置艺术。需要 2~3 周的时间进行制作。首先是 5~7 天的时间制作实物画芯，画品设计师要排列画面里的所有材料，然后进行粘贴或者其他的工艺加工。制作结束之后接下来就是装裱，同样是 5~7 天的时间。最后打包需要 1~3 天。

△ 印刷画

△ 定制手绘画

5 装饰品采购

装饰品一般会选择市场上的成品，并且是有现货的成品进行方案的落地采购。最好将装饰品的组合形式事先草拟出来给客户过目，可以用表格或者图纸的形式，有利于后期的布场工作顺利开展。

△ 实物装裱画

五 摆场流程

保护现场 1

应在进场前做好保护措施，比如提前准备好手套、鞋套、保护地面的纸皮等。此外，在搬运物品时要格外小心，避免发生磕碰。

安装灯饰 2

一般摆场时最先安装的是灯饰，因为灯饰的安装需要用到一些专业工具，并且安装的过程会产生灰尘，另外有时会涉及超高的层高，安装人员需要借用硬装施工的脚手架。如果灯饰总重量大于3千克，需要预埋吊筋。

安装窗帘 3

窗帘由帘杆、帘体、配件三大部分组成。在安装窗帘的时候，要考虑到窗户两侧是否有足够放窗帘的位置，如果窗户旁边有衣柜等大型家具，则不宜安装侧分窗帘。窗帘挂上去后要需进行调试，看能否拉合以及高度是否合适。

摆设家具 4

待灯饰以及窗帘安装完毕后，就可以进行家具的摆设了。像沙发、餐桌、茶几、床这类家具首先需要按照不同区域进行归位，然后进行摆放和安装。这部分工作也可以和窗帘的安装交叉进行。摆设家具时一定要做到一步到位，特别是一些组装家具，过多的拆装会对家具造成一定的损伤。

悬挂装饰画 5

家具摆好后，就可以确定挂画的准确位置。装饰画贵精不贵多，而且悬挂的位置必须适当，可以选择悬挂在墙面较为开阔、引人注目的地方，如沙发后的背景墙以及正对着门的墙面等，切忌在不显眼的角落和阴影处悬挂装饰画。

摆设装饰品 6

装饰品不仅能体现居住者的品位，而且是营造空间氛围的点睛之笔。装饰品的陈设手法多种多样，可以根据空间格局以及居住者的个人喜好进行搭配设计。

铺设地毯 7

地毯按铺设面积的不同可以分为大面积全铺与局部铺，如果是大面积全铺，应在摆设家具前先将地毯先铺好，然后覆盖保护地毯的纸皮，避免弄脏地毯。如果是局部铺，必须在空间内的装饰以及软装摆场全部摆放完毕后铺设地毯。

细微调整 8

待所有的软装摆场都完成后，还需根据整体软装呈现出的装饰效果进行细微的调整，让空间布局更加合理、细致。如果家具、装饰品的摆放角度及位置有更好的选择，可以在不影响整体布局的情况下进行适当的调整。

软装设计常用手法

一 同一主线法

　　相同空间的软装配饰通常都需要有格调或元素上的相似性将彼此联系起来，可以从颜色、材质、形状或主题上遵循同一主线，在同一主线的基础上展示各自的不同点，彼此互补，形成和而不同的组合关系，打造层次分明的视觉景象。

二 适度差异法

　　装饰品的组合要有一定的内在联系，但在形体上要有变化，既对比又协调，物体应有高低、大小、长短、方圆的区别，过分相似的形体放在一起显得单调，但过分悬殊的比例看起来也会不够协调。

△ 粉色的柜子与蝴蝶壁饰的色彩形成呼应，遵循同一条主线的原则

△ 两个陶瓷摆件在材质和色彩上具有协调感，但在造型上形成适度的差异

三 三角构图法

软装饰品摆放讲求构图的完整性，要有主次感、层次感、韵律感，同时注意与大环境的融洽。三角构图法是在三个点上摆放装饰品，形成一个稳定的三角形，具有安定、均衡但不失灵活的特点，是最为常见和效果最好的一种软装饰品摆放构图。

黄金法则和常用技巧

三角构图法是将不同体积大小或高低尺寸的装饰品进行排列组合，陈设后从正面观看时饰品整体所呈现的形状应该是三角形，这样显得稳定而有变化。无论是正三角形还是斜边三角形，即使看上去不太正规也没有关系，只要在摆放时掌握好平衡关系即可。

△ 三角形陈设法的要点是几个饰品之间需形成高低的落差，这样才能形成一个三角形的构图

四 情景呼应法

好的软装陈设应该从不同角度看都是和谐美丽的，在选择一些小饰品时若是能考虑到呼应性，那么整个装饰效果可能就会提升一大截。例如在餐厅中选择跟花艺相同内容的墙面挂画，画作能从平面跳脱到立体空间中，画作与空间陈设紧密呼应，组成新的空间立体画。或者在选择杯子、花瓶、小雕塑时考虑与装饰画比较相似的风格或形状，虽是小细节，却能显示出主人的品位。

△ 书桌上的鱼造型摆件与挂画图案形成情景呼应

五 均衡对称法

软装饰品利用均衡对称的形式进行布置，可以营造出协调和谐的装饰效果。如果旁边有大型家具，饰品排列的顺序应该由高到低，以避免视觉上出现不协调感；如果保持两个饰品的重心一致，例如将两个样式相同的摆件并列，可以制造出韵律美感；如果在台面上摆放较多饰品，那么运用前小后大的摆放方法，就可以起到突出每个饰品的特色且层次分明的视觉效果。

△ 对称式陈设法是将样式相同的工艺饰品匀称布置，实际运用时也可通过饰品的色彩变化打破呆板感

六 平行陈设法

一系列高低差别不大的饰品，平时感觉很难进行搭配，不妨尝试平行式陈设法。事实上平行构图是家居空间中出现最多的，如书房、厨房等区域，都非常适合平行式摆设法。

例如小茶几因为面积小，摆放的通常是一些小摆件，就可以应用平行式陈设。在小户型中通常会有一整面的装饰收纳柜，其中的搁架既可以收纳杂物，也可以陈列珍贵收藏，简单的平行装饰就是最美的。

△ 搁板上的多组装饰品可采取平行陈设的手法，实现突出每个饰品特色的效果

七 亮色点睛法

一些公共空间如客厅等需要设置一些重要的视觉集中点，这个点会直接影响到整个软装搭配的效果，这时候就需要选择适合的饰品作为点睛之笔，形成视觉的亮点。

黄金法则和常用技巧

当整个空间的色调比较素雅或者深沉的时候，在软装上可以考虑用亮一点的颜色来提亮整个空间。例如硬装和软装是黑白灰的搭配，可以选择一两件色彩艳丽的单品来活跃氛围，能带给人愉悦的感受。

△ 点睛式陈设法适合整体硬装偏素雅的空间，而且此类亮色饰品的数量不宜过多

2

DESIGN

软 装 设 计
从 入 门
到 精 通

第 二 章

软装
设计
风格
定位

轻奢风格

一 轻奢风格设计特征

轻奢风格以现代与古典并重为设计原则。与现代风格相比，多了几分品质和设计感，展现生活本真纯粹的同时，又融合了奢华和内涵的气质。

如果说"轻"用简约的硬装来体现，那么"奢"就是用精致的软装来表达了。轻奢风格的软装搭配简洁而不随意，高级却不浮夸，每一个看似简单的设计背后，无不蕴含着极具品位的贵族气质，而这些气质往往通过家具、布艺、地毯、灯饰等软装细节呈现出来，让人在视觉和心灵上感受到双重的震撼。

黄金法则和常用技巧

在硬装造型上，轻奢风格空间讲究线条感和立体感，因此背景墙、吊顶大都会选择利落干净的线条作为装饰。墙面通常不会只是朴素白墙或涂料，常见硬包的形式，使空间显得更加精致。此外，墙面采用大理石、镜面及护墙板做几何造型能增添空间的立体感，也是常用的装饰手法。

△ 护墙板搭配简单的线条缔造出丰富的层次感

△ 灰色系硬包的背景墙可以更好地营造空间的高级感

△ 金属材质是轻奢风格空间必不可少的元素

二 轻奢风格色彩搭配

轻奢风格的色彩搭配具有低调的品质感。如驼色、象牙白、金属色、高级灰等带有高级感的中性色，能令轻奢风格的空间质感更为饱满。

驼色 源于大自然，但这种来自自然界的色彩却具有一种非常都市化的味道。

金属色 是极容易被辨识的颜色，具有张力，很容易营造出高级质感，无论是接近于背景还是跳脱于背景都不会被淹没。

象牙白 相对于单纯的白色来说，略带一点黄色调，虽然不是很亮丽，但如果搭配得当，往往能呈现出强烈的品质感。

高级灰 不同层次不同色温的灰色能让轻奢风格的空间显得低调、内敛并富有品质感，同时让空间层次更加丰富。

& 方黄设计

CMYK
0 20 60 20　　△ 金属色

& 迦曼嘉设计

CMYK
25 33 36 0　　△ 驼色

& 品辰设计

CMYK
10 5 7 0　　△ 象牙白

CMYK
42 35 37 0　　△ 高级灰

三 轻奢风格照明灯饰

　　轻奢风格的灯饰在线条上一般以简洁大方为主，装饰功能要远远大于功能性。造型别致的吊灯、落地灯、台灯、壁灯都能成为轻奢风格重要的装饰元素，还有许多利用新材料、新技术制造而成的艺术造型灯饰，让室内的光与影变幻无穷。灯具和灯光的色彩可以选择柔和、偏暖色系的颜色，给轻奢风格的空间增添时尚前卫的气息，起到画龙点睛的作用。材质方面，全铜灯与水晶灯等都是轻奢风格空间很好的选择。

△ 多盏小吊灯高低错落悬挂，组成一幅极富冲击力的艺术画面

△ 轻奢风格空间的灯饰通常造型简洁现代，具有很强的装饰性

&黄志达设计

△ 水晶灯在玻璃墙面的映衬下，更能显现出其晶莹耀眼的特征

&臻品空间设计

△ 全铜吊灯

各种各样的绒是从时装流传而来的材质，丝绒家具隐隐泛光的质感非常符合轻奢的气质；烤漆家具光泽度很好，并且具有很强的视觉冲击力，似乎专为轻奢风格而生；整体为金属或带有金属元素的家具，不仅能营造精致华丽的视觉效果，其富有设计感的造型，能让轻奢风格的室内空间显得更有品质感；异形家具造型独特、突破传统常规的设计，可带来一种全新的感觉和生活体验，将个性创意元素与实用主义融入到空间中，不仅能把轻奢风格的空间装点得更具气质，而且还让家居装饰成为一种艺术。

黄金法则和常用技巧

丝绒家具、烤漆家具、金属或带金属元素的家具，是轻奢风格常用的家具类型，丝绒、烤漆、金属材质能很好地打造出高级的品质感。

△ 异形家具

△ 丝绒家具

△ 带有金属元素的家具

△ 烤漆家具

轻奢风格布艺织物

　　轻奢风格最主要的气质特点是高冷的奢华，每一个轻奢的空间打造都缺少不了金属、镜面等高冷的材质，所以在布艺的搭配上，应该利用织物本身的细腻、垂顺、亮泽等特点来调和冷冽的金属感。

类型	图例	特点
冷色调、垂顺面料的窗帘		轻奢风格的空间可以选择冷色调的窗帘来迎合其所要表达的高冷气质，色彩对比不宜强烈，多用类似色来表达低调的美感，然后再从质感上来中和冷色带来的距离感。可以选择丝绒、丝绵等细腻、亮泽的面料，尤其是垂顺的面料更适合这一风格
单色或装饰花纹简洁流畅的地毯		轻奢风格空间的地毯可以选择简洁流畅的线条或图案作为装饰，如波浪、圆形等抽象图形，也可以选择单色。各种样式的几何元素地毯可为轻奢空间增添趣味性
低纯度、高明度色彩的床品		轻奢风格的床品常用低纯度、高明度的色彩作为基础，比如暖灰、浅驼等颜色，靠枕、靠枕等搭配不宜色彩对比过于强烈。在面料上，压绉、衍缝、白织提花面料都是非常好的选择
起到点睛作用的靠枕		如果是软装色彩比较丰富的轻奢空间，在选择靠枕时最好采用与其他软装元素同一色系的颜色，这样不会使空间环境显得杂乱。如果整体色调比较单一，则可以在搭配靠枕时使用较为跳跃的颜色，但不可对比过于强烈

六 轻奢风格软装饰品

软装饰品是轻奢风格室内空间中最具个性和灵活性的搭配元素。它不仅仅是空间中的一种摆设，还代表着居住者的品位，并且能够给室内环境增添美感。个性与原创是轻奢风格家居的装饰原则。

类型	图例	特点
呈现强烈装饰性的摆件		轻奢空间的摆件搭配要善于灵活运用重复、对称、渐变等美学法则。常采用金属、水晶以及其他新材料制造的工艺品、纪念品与家具表面的丝绒、皮革一起营造出华丽典雅的空间氛围
烘托空间时尚气质的壁饰		轻奢风格空间在选择装饰壁饰时，数量不能过多。选择少量造型精致且富有创意壁饰，有助于提升轻奢空间墙面的装饰品质。此外还可以运用灯光的光影效果，赋予壁饰时尚气息的意境美
构图大胆自由的花艺		轻奢风格花艺的造型与构图往往大胆自由，追求个性和趣味性，展现别具一格的艺术美感。在花材和花器的选上限制较少，植物的花，根、茎、叶、果等都是轻奢空间花艺题材的选择
抽象艺术的细框装饰画		轻奢空间的装饰画一般会选用建筑物、动物、植物作为主题，也常用设计海报、英文诗歌等内容为素材，使用摄影、油画、插画等表现手法，展现高品质的艺术品位

北欧风格

一 北欧风格设计特征

北欧风格设计发源于 1950 年代北欧的芬兰、挪威、瑞典、冰岛和丹麦，主要特征是极简主义，及对功能性的强调，并且对后来的极简主义、简约主义、后现代等风格都有直接的影响。北欧风格大体分为两种，一种是充满极简造型和线条的现代风格，另一种是崇尚自然、乡间质朴的自然风格。

北欧风格的室内可见原木制成的梁、檩、椽等建筑构件，顶、墙、地三个面完全不用纹样和图案装饰，只用线条、色块进行点缀。此外，北欧风格非常注重采光，大多数的房屋都选择大扇的窗户甚至于落地窗。

△ 北欧自然风格

黄金法则和常用技巧

在北欧风格的室内环境中使用的基本上都是未经精细加工的原木，最大限度地保留了木材的原始色彩和质感，有很独特的装饰效果。除了善用木材之外，石材、玻璃和铁艺等都是在北欧风格中经常运用到的装饰材料。

△ 尖顶和原木制成的梁

△ 北欧现代风格

△ 通透简洁的空间结构设计

大部分北欧空间会使用大面积的纯色，在色相的选择上偏向白色、米色、浅木色等淡色基调，颜色跟原木色比较接近，给人干净明朗的感觉，绝无杂乱之感。以白色为基底，运用彩度及明度高的纯色搭配，这样很容易制造出眼前一亮的视觉感受。北欧风格本身没有标志性的装饰图案，其典型图案为经过艺术化处理的装饰花卉和彩色的条纹。

北欧风格的墙面一般以白色、浅灰色为主，地面常选用深灰、浅色的地板；而主体色应呼应背景色，白灰、浅色系的布艺家具与棕色、原木色、白色的几柜家具都是不错的选择。此外，一些高饱和度的纯色，如黑色、柠檬黄、薄荷绿可用来作为点缀色。

● CMYK
0　0　0　100

○ CMYK
0　0　0　0

△ 简约经典的黑白色

● CMYK
33　56　82　0

△ 自然清新的原木色

● CMYK
32　25　25　0

△ 干净明快的浅色系

● CMYK
62　26　52　0

○ CMYK
0　0　0　0

△ 绿、白配以原木色给人森林般的清新自然感

△ PH5 吊灯

△ 魔豆吊灯

△ 乐器吊灯

△ 原木材质灯饰

三 北欧风格照明灯饰

北欧风格清新而强调材质原味，适合造型简单且具有混搭特点的灯饰，例如白、灰、黑等原木材质的灯饰。较浅色的北欧风空间中，如果出现玻璃及铁艺材质，就可以考虑挑选有类似质感的灯饰。

此外，北欧风格的装饰经常运用几何元素，灯饰也不例外。例如将一根根金属连接铸造成各种几何形状的灯具，中间简单地镶入一盏白炽灯，就可打造出极简的北欧风格。

△ 金属灯饰与餐桌的桌脚材质形成呼应

△ 黑白色的灯饰给人质感轻盈的视觉感受

四　北欧风格家具类型

　　北欧风格家具大多出自著名的家具设计大师之手，形式上可分为原始的纯北欧家具、改革的新北欧家具、时代性的现代北欧家具。在设计上分为瑞典设计、挪威设计、芬兰设计、丹麦设计等，每种设计风格均有它的个性。

　　北欧家具的尺寸以低矮为主，在设计方面，多数不使用雕花、人工纹饰，但形式多样，具有简洁、功能化且贴近自然的特点。在北欧风格家具中，很少有线条复杂的造型，主要是以直线和必要的弧线为主，过于复杂的曲线是几乎看不到的。使用原木是北欧风格家具的灵魂，北欧人习惯就地取材，常选用桦木、枫木、橡木、松木等木料，将原木自然的纹理、色泽和质感完全地融入家具中，并且不会选用颜色太深的色调，而以浅淡、干净的色彩为主。

△ 北欧风格家具通常会融入多种实用的功能设计

△ 融入现代材料的北欧风格家具

△ 线条简洁优美是北欧风格家具的主要特征之一

△ 贴近自然的原木家具

五　北欧风格布艺织物

想要打造北欧风格的空间，需要精心搭配窗帘、地毯、床品以及靠枕等软装布艺，通过巧妙的色彩以及材质的选择，让空间更具有美感。北欧风格讲究简单到极致，布艺一般不会使用过于繁复的图案，简单的线条和色块才是北欧风最直接的写照。

类型	图例	特点
简约线条和色块的窗帘		北欧风格以清新明亮为特色，白色、灰色系的窗帘是百搭款，但只要搭配得宜，具有大块的高纯度鲜艳色彩的窗帘也是适用于北欧风格的。北欧风格的窗帘适合自然柔软的棉麻材质，亚麻属于天然材质，可以营造天然原始的感觉
简单图案和线条感强的地毯		北欧风格的地毯有很多选择，一些简单图案和线条感强的地毯可以起到不错的装饰效果。黑白两色的搭配是北欧风格地毯经常会使用到的颜色
单一色彩的床品		北欧风的卧室中常常采用单一色彩的床品，多以白色、灰色等色彩来搭配空间中大量的白墙和木色家具，形成很好的融合感。如果觉得单色的床品比较单调乏味，可以挑选暗藏简单几何纹样的淡色面料
不带任何边饰的靠枕		经典的北欧风格靠枕图案包括黑白格子、条纹、几何图案、花卉、树叶、鸟类、人物、粗十字、英文字母 logo 等。材质从棉麻、针织到丝绒，有多种选择。不同图案、不同颜色、不同材质的混搭效果更好

六　北欧风格软装饰品

北欧风格秉承着少中见多的理念，选择精妙的饰品加上合理的摆设可以将现代时尚设计思想与传统北欧文化相结合，既强调实用因素又强调人文因素，从而使室内环境产生一种富有北欧风情的家居氛围。

类型	图例	特点
质感 清新自然 的摆件		北欧风格多以植物盆栽、相框、蜡烛、玻璃瓶、线条清爽的雕塑进行装饰。此外，围绕蜡烛而设计的各种烛灯、烛杯、烛盘、烛托和烛台也是北欧风格的一大特色
麋鹿头和 墙面挂盘		麋鹿头一直都是北欧风格的经典代表元素，凡是北欧风格的空间中，大多都会有一个麋鹿头造型的饰品作为壁饰。此外，墙面挂盘也能表现北欧风格崇尚简洁、自然、人性化的特点，可以选择白底搭配海蓝鱼元素；也可选择麋鹿图样的组合挂盘
几何形态的 绿植		北欧风格的植物蓬勃扎实，形态接近几何形，低饱和度色彩的花束以及绿植都是很好的选择，也能跟本身明亮白净的室内设计产生对比的效果
充满 现代抽象感 的装饰画		以简约著称的北欧风，既有回归自然、崇尚原木的韵味，也有与时俱进的时尚艺术感，装饰画的选择也应符合这个原则，最常见的是充满现代抽象感的画作，内容可以是字母、抽象形状或者人像，再配以简单细窄的画框

一 工业风格设计特征

工业风格起源于 19 世纪末的欧洲，在设计中会出现大量的工业材料，如金属构件、水泥墙、水泥地，做旧质感的木材、皮质元素等。格局以开放性为主，通常将所有室内隔墙拆除掉，尽量保持或扩大宽敞的空间感。

工业风格的墙面多保留原有建筑的部分容貌，比如说墙面不加任何的装饰把墙砖裸露出来，或者采用砖块设计，或者涂料装饰，甚至可以用水泥墙来代替。顶面基本上不会有吊顶的设计。空间中保留下来的钢结构，包括梁和柱，稍加处理后尽量保持原貌。裸露在外的水电线和管道线则对其颜色和位置进行合理的安排，组成工业风格空间的视觉元素之一。工业风格的地面最常采用水泥自流平工艺，有时还会用补丁来表现自然磨损的效果。除此之外，木板或石材也是工业风格地面材料的常用选择。

△ 工业风空间的格局以开放性为主，尽量保持一种宽敞的空间感

△ 保留材质的原始质感是工业风格空间的最大特征之一

△ 水泥自流平工艺处理的地面

△ 不加修饰的砖墙尽显工业时尚的魅力

工业风格色彩搭配

　　工业风格给人的印象显得理性、冷峻、硬朗而又充满个性，因此工业风格的室内设计中一般不会选择色彩感过于强烈的颜色，而会尽量选择中性色或冷色调为主色调，如原木色、灰色、棕色等。最原始、最单纯的黑白灰三色是最能展现工业风格的主色调，作为无色系，它们所具有的冷静、理性的质感，就是工业风的特质，而且可以较大面积的使用。

● CMYK
0 0 0 100

● CMYK
0 0 0 40

△ 黑白灰色系

● CMYK
35 56 56 0

○ CMYK
0 0 0 0

△ 裸砖墙 + 白色

● CMYK
45 33 87 0

● CMYK
0 20 60 20

△ 局部亮色点缀

● CMYK
47 59 71 3

● CMYK
50 39 35 0

△ 原木色 + 灰色

三　工业风格照明灯饰

工业风格空间除了金属机械灯之外，也会选择同为金属材质的探照灯，独特的三脚架造型好像电影放映机，不但具有十足的工业感，还有画龙点睛的装饰作用。可选择灯罩色彩鲜明的机械感灯饰，用其色彩平衡工业风格冷调的氛围。此外，黑色金属台扇、落地扇、吊扇等也经常应用于工业风格空间。

因为工业风格整体给人的感觉是冷色调，色系偏暗，可以多使用射灯，增加局部空间的照明，舒缓工业风格居室的冷硬感，射灯照明即便是在白天，也具有很强的装饰性。

△ 麻绳灯

△ 网罩灯

△ 裸露在外的灯泡有种 20 世纪 80 年代的歌舞厅质感，尽显工业风格的复古情怀

△ 双关节灯

△ 表面做旧的金属灯饰具有鲜明的个性特征，可让人充分感受到空间的冷峻氛围

四 工业风格家具类型

工业风的空间可以直接选择金属、皮质、铆钉等工业风家具，或者现代简约的家具。例如选择皮质沙发，搭配海军风的木箱子、航海风的橱柜、Tolix 椅子等。很多工业风格的餐桌、书架、储物柜以及边几的底部经常带有轮子，还有些餐桌可以折叠。工业风格的桌几常使用回收旧木或是金属铁件，质感上较为粗犷；茶几或边几在挑选上应与沙发材质有所呼应，例如木架沙发，可搭配木质、木搭玻璃、木搭铁件茶几或旧木箱；皮革沙发通常有金属脚的结构，可选择金属搭玻璃、金属搭木质、金属搭大理石等的茶几。

△ Tolix 椅

△ 金属家具

△ 做旧质感的皮质家具

△ 原木 + 铁制桌脚的家具

△ 工业风格中的金属家具一般采用金属与木材制造，或者用铁木结合的形式

工业风从工厂、仓库的改建衍生而来，这些过去进行生产或是堆放物品及设备的空间，要改为居住使用，势必需要加入布艺，如窗帘、地毯、靠枕等，使空间使用起来更为舒适，也可缓和过于单调和冰冷的工业感。在工业风格家居中所使用的布艺，通常选择质地明显且相对粗犷、纹理清晰的类型。

类型	图例	特点
肌理感较强的棉布或麻布窗		工业风格家居的窗帘一般选用暗灰色或其他纯度低的颜色，这样能够跟工业风黑白灰的整体色彩基调更加协调，有时也会用到色彩比较鲜明或者是设计感比较强的艺术窗帘。窗帘布艺的材质一般采用肌理感较强的棉布或麻布
粗犷质感的地毯		地毯的应用在工业风格的空间当中并不多见，如果使用则必须要与整体风格相和谐，粗糙的棉质或者亚麻编织地毯能更好地突出工业风粗犷与随性的格调，未经修饰的皮毛地毯也是很好的选择
中性色调的床品		工业风的床品大都选择与周围环境相呼应的中性色调，偶尔加入一些质地独特的布艺，可以起到提亮空间的作用。比如与金属元素相差极大的长毛块毯，可以柔和卧室中的冷硬线条
表面做旧磨损的靠枕		工业风格的靠枕多选用棉布材质，表面选用做旧、磨损和褪色的效果，通常印有黑色、蓝色或者红色的图案或文字，看起来像是货物包装麻袋的感觉，复古气息扑面而来

六 **工业风格软装饰品**

工业材料经过再设计打造的饰品是突出工业风艺术气息的关键。选用极简风的金属饰品、具有强烈视觉冲击力的油画作品，或者现代感的雕塑模型作为装饰，也会极大地提升整体空间的品质感。

类型	图例	特点
怀旧特色的摆件		工业风摆件通常采用灰色调，用色不宜艳丽，常见的摆件包括旧电风扇、旧电话机或旧收音机、木质或铁皮制作的相框、放在托盘内的酒杯和酒壶、玻璃烛杯、老式汽车或者双翼飞机模型
表现工业美感的壁饰		工业风格的墙面特别适合以金属水管为结构制成的壁饰。此外，超大尺寸的做旧铁艺挂钟、带金属边框的挂镜都能营造出浓郁的工业气息，还可以将模仿类似旧机器零件的黑色齿轮饰品挂在沙发墙上
增加自然气息的花艺与绿植		工业风格经常利用化学试瓶、化学试管、陶瓷或者玻璃瓶等作为花器。绿植类型上偏爱宽叶植物，树形通常比较高大，与之搭配的是金属材质的圆形或长方柱形的花器
具有强烈视觉冲击力的装饰画		在工业风格空间的砖墙上搭配几幅装饰画，沉闷冰冷的室内气氛就会显得生动活泼起来。挂画题材可以是具有强烈视觉冲击力的大幅油画、广告画或者地图，也可以是自己的手绘画，或者是艺术感较强的黑白摄影作品

美式风格

一 美式风格设计特征

美式风格有一种很特别的怀旧感和浪漫感。随着时代的变迁，曾经复杂的宫廷式美式设计，又向着回归自然的设计方向发展，衍生出取材天然、风格简约、设计较为实用的美式风格特点。

在装饰材料上，美式风格常使用实木，特点是稳固扎实，长久耐用。传统的美式风格多选择偏深色的褐色木纹地板来展现美式特有的情怀；如果想表达美式乡村质朴，则可选择浅色调地板。护墙板是美式风格中不可替代的元素，不仅形式丰富多样，而且可以平衡和协调居家空间，增强空间的立体感。此外，壁炉也是美式风格家居必不可少的元素。传统的美式风格壁炉设计得非常大气，并常常装饰复杂的雕刻图案；现今的美式风格壁炉设计简化了线条和雕刻，变得简约，展现出新的面貌。国内比较常见的美式风格分为美式传统古典风格、美式乡村风格和现代美式风格。

美式古典风格历经欧洲各式装饰风潮的影响，仍然保留着精致、细腻的气质。用色较深，常以绿色、驼色为主色调。

美式乡村风格非常重视生活的自然舒适性，充分显现出乡村的朴实风味，原木、藤编与铸铁材质是美式乡村风格中常见的素材，经常使用于空间硬装、家具用材或灯饰。

现代美式风格家居摈弃了传统美式风格厚重、怀旧、贵气的特点，在墙面颜色上喜欢选用米色系作为主色，并搭配白色的墙裙形成层次感。

△ 美式古典风格以深色为主，家具具有粗犷感和年代感的特征

△ 现代美式风格摈弃了传统美式的厚重，家具造型与线条更为简洁

△ 美式乡村风格多用质感粗犷的材料表现乡村的自然舒适

二　美式风格色彩搭配

在美式风格中，很难看到透明度比较高的色彩。不管是浅色还是暗色，都不会给人视觉上的冲击感。总体来说，美式风格追求自然的颜色。

其中美式古典风格主色调一般以黑、暗红、褐色等深色为主，整体颜色更显怀旧复古、稳重优雅的古典之美；美式乡村风格的墙面颜色选取自然色调为主，绿色或者土褐色是最常见的搭配色彩；现代美式风格的色彩搭配一般以浅色系为主，如大面积使用白色和木质色，搭配出自然闲适的感觉。

CMYK
9 15 35 0

CMYK
65 75 85 39

△ 大地色系

CMYK
20 35 47 0

△ 原木色

CMYK
49 27 43 0

CMYK
36 38 51 0

△ 带点灰度的绿色

CMYK
55 20 35 0

CMYK
67 72 76 35

△ 绿色 + 深棕色

三 美式风格照明灯饰

美式风格对于灯饰的搭配局限较小，一般适用于欧式古典家居的灯饰都可使用。需要注意的是造型不可过于繁复，因为美式风格的精髓在于摒弃复杂，崇尚自然。

吊扇灯是美式风格的经典要素之一，它既有实用性的照明作用，也有非常独特的外观设计。美式铜灯主要以枝形灯、单锅灯等简洁明快的造型为主，质感上注重怀旧，灯饰的整体色彩、形状和细节装饰无不流露出历史的沧桑感。

美式乡村风格可选择造型灵动的铁艺灯饰，引入浓郁的乡野自然韵味。而且铁艺具有简单粗犷的特质，可以为美式空间增添怀旧情怀。

△ 做旧的铁艺吊灯体现美式风格回归自然的特点

△ 典雅美观的美式铜灯

△ 功能实用的木叶吊扇灯

△ 起源于美国西部的鹿角灯给室内带来极具野性的美感

美式家具将欧洲皇室家具平民化，表达了美国人对历史的怀旧。美式家具的基础是欧洲文艺复兴后期各国移民所带来的生活方式，将英、法、意、德、希腊、埃及式的古典家具简化，兼具功能性与装饰性。美式家具相比较意式和法式家具，风格要更粗犷一些。

传统的美式家具顺应美国居家空间大、讲究舒适的特点，一般都有着厚重的外形、粗犷的线条，皮质沙发、四柱床等是经典的款式。美式家具尺寸比较大，但是实用性都非常强，比如其大餐台可拆成几张小桌子。如果居室面积不够宽裕，可选择经过改良，以简约为特点的现代美式家具，保留整体的美式造型，但舍掉了华丽的绲边、做旧、镶嵌等装饰要素，既具有美式风格的神韵，降低了成本，又适合小空间的家居。

△ 做旧工艺的家具可以营造出历史感

△ 铆钉是美式家具上较为常见的装饰，粗犷而不失细节

△ 温莎椅是美式乡村风格标志性的家具之一

棉布材料的沙发，靠枕及窗帘等最能诠释美式风格的舒适质感。花布是美式风格中经典且不可或缺的元素，而格子印花布及条纹花布则是美式乡村风格的代表，特别是红白或蓝白色彩相间的细方格图案经常出现在美式乡村风格的布艺上。

类型	图例	特点
表现简单、随性气质的窗帘		美式风格的窗帘强调耐用性与实用性，选材上十分广泛，印花布、纯棉布以及手工纺织的麻织物，都是很好的选择，与其他原木家具搭配，装饰效果更为出色。美式风格的窗帘色彩可选择土褐色、酒红色、墨绿色、深蓝色等浓而不艳的色彩
羊毛或麻质地毯		美式风格地毯常用羊毛、亚麻两种材质。在美式家居生活的场景中，客厅壁炉前或卧室床前常放一张羊毛地毯，能很好地烘托温馨、温暖的感觉。而麻质编织地毯拥有自然的质感和色彩，搭配曲线优美的家具，能营造休闲轻松的氛围
强调舒适感的床品		美式风格床品的用色较为统一，色调一般采用稳重的褐色，或者深红色，材质大都使用钻石绒布，常用真丝做点缀。美式风格床品的花纹以蔓藤类的花朵、枝叶为主
棉麻材质的靠枕		美式风格的抱枕要与整体空间和谐搭配，表面多采用花草与故事性的图案。如果觉得大型图案在搭配时很难驾驭，也可以选择大气高雅的纯色系抱枕，体现出美式风格质朴随性的特点

美式风格偏爱带有怀旧倾向和历史感的，以及能够反映美国精神的饰品。在强调实用性的同时，非常重视装饰效果。除了一些做旧工艺的摆件之外，墙面通常用挂画、挂钟、挂盘、镜子和壁灯进行装饰。

类型	图例	特点
包含历史感的装饰摆件		美式风格常常会选用一些饱含历史感的仿古艺术品摆件，表达感怀历史的情愫，例如地球仪、旧书籍、做旧雕花实木盒、表面略显斑驳的陶瓷器皿、动物造型的金属或树脂雕像等
做旧工艺的壁饰		美式风格的壁饰可以天马行空地自由混搭，不需整齐有规律。铁艺、镜子、老照片、手工艺品等都可以挂在一面墙上。色彩复古、做工精致、表面做旧工艺的挂盘也是常用的壁饰
体现田园生活的绿植		美式风格花器以陶瓷材质为主，工艺大多是冰裂釉和釉下彩，表面常装饰浮雕花纹、黑白建筑图案等，凸显复古气息。花材可选择绿萝、散尾葵等无花、清雅的常绿植物
实木边框的装饰画		美式乡村风格以自然怀旧的格调突显舒适安逸的生活，装饰画一般会选用棕色或黑白色的，造型简单朴实的实木边框，画面往往会铺满整个画框。鸟类、花草、景物、几何图案都是常见主题

日式风格

一 日式风格设计特征

日式风格的家居空间往往呈现出简洁明快的特点，营造出一种不带明显标签的文化氛围。日式风格的室内设计从整体到局部、从空间到细节，大多采用天然装修材料，草、竹、席、木、纸、藤、石等被大量运用。此外，日式风格善于借用室外的自然景色为家居空间增添生机，呈现出与大自然深切交融的家居景象。其中室外自然景观最突出的代表为日式园林枯山水。

现代日式风格已不仅仅局限于榻榻米、格子门窗等元素，但秉承了日式风格一贯的自然传统，崇尚根据自然环境来设计家居空间，使居住环境与外在的自然和谐相融，并善于运用天然材料本色的肌理和特殊气息，给人以平静、美好的感觉。

& 李柏林设计

△ 日式风格空间多用实木竹藤麻等天然材质

& 建筑营设计

△ 枯山水常见于日式风格室外环境与室内空间

& 日作空间设计

△ 日式风格深受禅宗文化的影响，强调营造清新自然、蕴含禅意的室内氛围

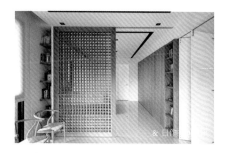

& 日修

△ 格子门窗是传统日式风格空间中的重要元素

二 日式风格色彩搭配

日式风格从地面到屋顶都采用最天然、朴实的材料，同时尽量保持原色不加修饰，极少用金属等现代化装修材料。这种亲近自然的装饰方式展示出一种祥和的生活意境与宁静致远的生活心态。

木色＋白色 木色与白色是日式风格空间中不可或缺的色彩，原木与本白的搭配能让木色变得更为清新自然。

蓝色＋白色 蓝色源于早期的染织工艺，蓝白配色一度成为日本平民百姓和武士阶层最为追崇的配色。再加上日本四面临海，对大海的崇拜也加深了日本人民对蓝白配色的情怀。蓝白配色一般在传统的日式风格中运用较多。

CMYK
39 45 67 0

CMYK
20 17 22 0

△ 原木色 + 米色

黄金法则和常用技巧

日式风格的配色都是来自于大自然的颜色，米色、白色、原木色、麻色、浅灰色、草绿色等这些来自于大自然的颜色，组成了柔和沉稳、朴素禅意的日式空间。

CMYK
35 36 52 0

CMYK
38 35 82 0

△ 原木色 + 草绿色

CMYK
99 88 57 32

CMYK
0 0 0 0

△ 蓝白配色

CMYK
45 51 63 0

CMYK
0 0 0 0

△ 原木色 + 白色

三 日式风格照明灯饰

　　传统日式风格的灯饰在材质及外形的设计上和传统中式灯饰较为相近。所以在打造传统日式风格时，除了日式传统灯饰以外，有些造型简洁、体量轻巧、颜色朴素的中式灯饰，也可以混搭进来。比如一些藤编灯、灯笼灯都是不错的选择，禅意韵味十足。

　　日式现代风格简约自然的气质和北欧风有很多相似之处，特别是MUJI（无印良品）风的新日式，搭配造型简洁，但颜色丰富、有设计感的北欧灯饰，会让空间更富有放松自在的氛围。

△ 日式风格吸顶灯

△ 纸灯具有质感轻盈飘逸的特点，是早期日式风格家居中最具代表性的灯饰

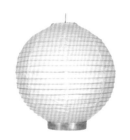

△ 日式风格纸灯

△ 藤编灯

△ 日式石灯笼最早应用于日本古典庭院，是日式庭院照明的代表

四 日式风格家具类型

传统日式家具的形式源于中国的古典家具。而现代日式家具，则受欧美简约风格的全面影响，风格清新、秀丽，将东方的精神气质和西方的功用性、时尚造型完美结合。

日式风格的家具一般比较低矮，而且偏爱使用木质，如榉木、水曲柳等。在家具的造型设计上尽量简洁，没有多余的装饰与棱角，在简约的基础上创造出和谐自然的视觉感受。

提起日式家具，人们立即想到的就是榻榻米，以及日本人跪坐的生活方式，这些典型的日式特征，都给人非常深刻的印象。

△ 日式家具一般比较低矮，而且在造型设计上追求简洁

△ 传统日式家具

△ 现代日式家具

△ 日式的榻榻米采用蔺草编织，具有雅致与古朴的特色

日本的布艺无论是制作技艺还是蕴含的文化意象，都与中国传统的布艺文化有着紧密的关联。中国布艺的刺绣和印染技艺也是日本布艺最常用装饰技法。

日式风格家具的布艺秉承日式传统美学对自然的推崇，彰显原始素材的本来面目，摒弃奢侈华丽，以淡雅节制、含蓄深邃的禅意为境界，天然的棉麻材质是最好的选择。

类型	图例	特点
简洁素雅的窗帘		现代日式风格窗帘一般比较朴素、低调，并不在空间中做过多的强调，样式以简洁利落为主，一般没有帘头的设计。大多选择则简约气质的纯棉布和清新自然的色彩，淡绿色、淡黄色、浅咖色是最常用的色彩
日式和风门帘		在传统日式风格的餐厅或者居室中常常会用到各种古韵图案的门帘。开启方式常见的是对开式，还有一体式和多开式。挂上这样一幅帘子，既美观又实用。图案也有很多种选择，最常见的是吉祥图案，比如海浪纹、浮世绘、樱花、仙鹤等
棉麻格纹床品		日式简约风格的床品一般有 AB 面设计，简约时尚，随心而换，符合现代人的审美和对生活品质的要求。材质上常用天然麻材质与棉纱相互交织，既有麻的透气性又具有棉的柔软感，舒适性好，且经久耐用。竹节纹理凸显质感，返璞归真，自然舒适

六 日式风格软装饰品

日式风格往往会将自然界的材质大量地运用于家居空间中，以此表达对大自然的热爱与追崇，因此在软装饰品上也不推崇豪华奢侈，而以清新淡雅的日式饰品为主。日式饰品以简约的线条、素净的颜色、精致的工艺独树一帜，并因蕴含禅意而耐人寻味。

类型	图例	特点
日式 枯山水摆件		枯山水在传统日式风格和中式风格的室内软装中经常以微型景观的形式出现，配色经典、简约，不管放在书房、客厅或是办公室都非常有意境，既可以观赏又可以随手把玩，借助白沙和景观石，可随心创造观者心中的景致，感受广阔的大自然
侘寂美的 瓷器		侘寂是日本美学意识的一个组成部分，一般指朴素又安静的事物。特别指老旧的外表下，显露出的一种充满岁月感的美。日本的茶具等器物设计常遵循侘寂美学原则，以雾面的表面处理取代亮面，以手工的粗糙肌理替代机器生产的光滑
禅意的 日式插花		日式插花以花材用量少、造型简洁为特点，具有禅意，就像中国的水墨画一样，用寥寥数笔勾勒出事物的精髓。在花器的选择上以简单古朴的陶器为主，其气质与日式风格自然简约的空间特点相得益彰
有着东洋 艺术明珠 美誉的 浮世绘		浮世绘即日本的风俗画，是起源于日本江户时代的独特绘画艺术。浮世绘有着浓郁的日本本土气息，绘画内容有四季风景、各地名胜等。浮世绘不仅有很高的写实技巧，同时也具备强烈的装饰效果

一 法式风格设计特征

法国位于欧洲西部，作为欧洲的艺术之乡，室内装饰风格是多样化的。16 世纪，法国室内装饰多由意大利学过雕刻工艺的手艺人和工匠完成。到了 17 世纪，浪漫主义由意大利传入法国，并成为室内设计的主流风格。

优雅、舒适、安逸是法式风格家居的内在气质，室内色彩娇艳，偏爱金、粉红、粉绿、嫩黄等颜色，并用白色调和。法式风格装饰题材多以自然植物为主，常见的有曲线丰富的卷草纹样、舒卷缠绕着的蔷薇、弯曲茂盛的棕榈。为了更接近自然，一般不使用直线，多采用多变的曲线和涡卷形象，构图也常采用不对称形式，变化极为丰富，令人眼花缭乱，有自然主义倾向。

根据时代和地区的不同，法式风格通常分为法式巴洛克风格、法式洛可可风格、法式新古典风格以及法式田园风格。

△ 大面积运用金色表现富丽堂皇的空间艺术是法式巴洛克风格的主要特征

△ 法式新古典风格摒弃巴洛克和洛可可的繁复，运用更为简洁的线条表现雅致华丽的感觉

△ 相比于巴洛克风格，洛可可家具呈现出更明显的优美线条

△ 法式田园风格注重怀旧感，整体散发出自然气息

二 法式风格色彩搭配

法式风格拒绝浓烈的色彩，推崇自然，雅致的用色，例如蓝色、绿色、紫色搭配清新自然的象牙白和奶白色，营造溢满素雅清幽的感觉。此外，法式氛围讲究优雅、奢华，还需要加入适量的装饰色彩，如金、紫、红等，夹杂在素雅的基调中温和地跳动，打造柔和，高雅的气质。

法式风格空间在选择墙纸时，也要秉承奢华的设计理念，通常以白色、粉色、蓝色等柔美的颜色为主，在花色的选择上可以兼顾时尚，除了最古典的藤蔓图案，也常见大丽花、邹菊、郁金香等大面积花朵，打造浪漫、妩媚的感觉。

CMYK
15 15 13 0　　△ 象牙白

CMYK
80 65 42 3
△ 高贵蓝色

CMYK
52 25 19 0
△

CMYK
85 95 50 15　　△ 浪漫紫色

CMYK
0 20 60 20　　△ 华丽金色

三 法式风格照明灯饰

法式风格家居常用水晶灯、烛台灯、全铜灯等灯饰类型，造型上要求精致细巧、圆润流畅。例如金色外观的吊灯，配合简单的流苏和优美的曲线造型，可给整个空间带来高贵优雅的气息。

水晶灯饰起源于欧洲十七世纪中叶洛可可时期，可突出法式风格雍容华贵的气质。烛台灯的灵感来自欧洲古典的烛台照明，应用在法式风格的空间中，能凸显庄重与奢华感。全铜灯是采用铜为主要材料的灯饰，最早应用于欧洲皇室宫廷，注重线条、造型以及雕饰，可以很好地彰显身份和地位。

△ 全铜灯造型精美，仿佛一件名贵的工艺品

△ 灵感源自欧洲古代的烛台灯展现出优雅隽永的气度

△ 全铜灯造型精美，仿佛一件名贵的工艺品

△ 欧洲古代宫廷中的艺术铜灯，一直是皇室威严的象征

四　法式风格家具类型

法式风格的家具除了常见的白色、黑色、米色外，还会选择性使用金色、银色、紫色等极富有贵族气质的色彩，给家具增添贵气的同时，也营造一分典雅的气质。

法式家具的造型一般采用流线型设计，如沙发的沙发脚、扶手处，桌子的桌腿，床的床头、床脚等边角处一般都会雕刻精致的花纹，尤其是桌椅角、床头、床尾等部分常精雕细刻，在细节处展现法式家具的高贵典雅。一些更精致的雕花会采用描银、描金处理，金、银的加入让家具更为精致和贵气。

△ 法式巴洛克时期边桌

△ 法式洛可可时期安乐椅

△ 法式新古典时期双人翼状沙发

△ 法式田园风格四柱床

△ 法式风格家具常见雕刻精致的花纹，有些还会加入描金或描银的处理

法式风格布艺织物

营造精致的法式居家氛围，布艺的搭配是重要的一环，窗帘、沙发、床品以及靠枕等布艺更注重质感和颜色是否协调，同时也要跟墙面色彩以及家具合理搭配。如果布艺选择得当，再配以柔和的灯光，更能衬托出法式风格的曼妙氛围。

巴洛克、洛可可等传统法式风格的空间中，常采用金色、银色描边的或浓重色调的布艺，色彩对比强烈；而法式新古典风格选择的布艺花色则要淡雅和柔美许多。法式田园风格崇尚自然，以纤巧、细致、浮夸的曲线和不对称的装饰为特点，布艺图案常见花鸟蔓藤、甜美的小碎花等。

类型	图例	特点
充满法式风情的窗帘		法式风格的窗帘综合了现代美和古典美，给人以典雅舒适的视觉享受。色彩上，常选用深红色、棕色、香槟银、暗黄以及褐色等。面料以纯棉、麻质等自然舒适的材质为主。花型讲究韵律，常见弧线、螺旋形状的图案，展现法式风格典雅大方的品质
花植纹样的地毯		在法式传统风格的空间中，法国的萨伏内里地毯和奥比松地毯一直都是首选；而法式田园风格的地毯最好选择色彩相对淡雅的图案，采用棉、羊毛或者现代化纤编织。花植是地毯纹样中较为常见的一种，能给大空间带来丰富饱满的效果，在法式风格中，常选用此类地毯营造典雅华贵的空间氛围
营造浪漫氛围的床品		法式风格床品经常出现艳丽、明亮的色彩，材质上经常会使用光鲜的面料，例如真丝、钻石绒等，演绎法式风格华贵的气质。此外，法式风格床幔可以营造出宫廷般的华丽感，材质上最好选择有质感的织绒面料或者欧式提花面料

传统法式家居不仅华美高贵，同时也洋溢着浓郁的文化气息，雕塑、烛台等是不可缺少的饰品，也可以在墙面上悬挂古典油画。法式田园风格的配饰则随意质朴，一般采用自然材质、素雅暖色的手工制品，强调自然、舒适的法式特色。

类型	图例	特点
提升空间艺术气息的摆件		法式风格摆件通常选择精美繁复、高贵奢华的镀金镀银器具或绘有繁复花纹的描金瓷器。烛台与蜡烛的搭配也是法式家居中非常点睛的装饰。此外，法式风格中通常用组合型的金属烛台搭配丰富的花艺，并以精美的油画作为背景
呈现墙面视觉美感的壁饰		法式风格最为常见的壁饰就是金属雕花挂镜、华丽的壁毯，以及雕刻复杂且镀金画框的油画。其中挂镜一般以长方形为主，有时也呈现出椭圆形，其顶端往往布满浮雕雕刻并饰以打结式的丝带
表现高贵典雅气质的花艺		法式风格花艺通常自由浪漫，花色对比强烈。并且让花枝和藤蔓四溢，如同油画创作般精心布置。常用的花材有丁香花、康乃馨、郁金香等。花器材质以青铜、陶瓷为主，整体造型庄严雄伟，以双耳类造型最为常见，表面常常用大量的彩绘进行修饰，底座边沿等重要部位往往会镀金或者镀银
富有法式情调的装饰画		法式风格装饰画可选择油画，以风景、人物为主题，配以雕刻花纹的精致金属外框，使整幅装饰画兼具古典美与高贵感。除了风景、人物外，法式空间的装饰画也常常以花开为主题，表现极为灵动的生命气息

新中式风格

一 新中式风格设计特征

新中式风格是将中国古典元素与现代元素结合在一起的装饰风格，从现代人的审美需求出发，在现代家居文化中注入传统文化的气息。

新中式风格整体的空间布局比较讲究对称。但受现代建筑形式和房型设计的影响，这种对称不局限于传统的中式家具摆放格局的对称，而是在局部空间布局上，以对称的手法营造中式家居沉稳大方、端正稳健的特点。新中式风格不仅具有中式家居追求内敛、质朴的特质，也迎合现代人追求简单生活的居住要求，使这种风格更加实用，更富现代感，更能被现代人所接受。

△ 中式风格在家居布局上，讲究方正、对称

黄金法则和常用技巧

新中式风格的居住空间的装饰多采用简洁、硬朗的直线条。例如家具线条以直线为主，只在局部点缀富有传统意蕴的装饰，如铜片、柳钉、木雕饰片等。材料选择上，使用木材、石材、丝纱织物的同时，也会选择玻璃、金属、墙纸等现代材料。

△ 新中式风格是将传统的元素通过简化的设计手法进行呈现

△ 新中式风格的空间中会加入一些金属、玻璃等现代材质

二 新中式风格色彩搭配

新中式风格的色彩定位早已不仅仅是原木色、红色、黑色等传统中式风格的家居色调，其用色范围非常广泛，不仅有浓艳的红色、绿色，还有水墨画般的淡色，并且还会利用浓淡之间的中间色，恰到好处地起到调和的作用。

黄金法则和常用技巧

新中式风格的色彩通常有两张类型：一种类型是富有中国画意境的色彩淡雅清新的高雅色系，以黑白灰金等无彩色和自然色为主；另一种类型是富有皇家贵族气息的色彩鲜艳的高调色系，这种类型通常以红、黄、绿、蓝等纯色调为主。

CMYK
13 68 69 0　　△ 喜庆红色

CMYK
7 25 73 0　　△ 皇家黄色

CMYK
0 0 0 100　　△ 庄重黑色

CMYK
47 75 49 0　　△ 高贵紫色

三　新中式风格照明灯饰

　　新中式风格灯饰相对于传统中式风格，造型偏现代，线条简洁大方，往往在部分装饰细节上注入中国元素。比如传统灯饰中的宫灯、河灯、孔明灯等都是新中式灯饰的演变基础。除了能够满足基本的照明需求外，还可以将其作为空间装饰的点睛之笔。其中新中式风格的陶瓷台灯做工精细，质感温润，仿佛艺术品，十分具有收藏价值。

△ 多盏鸟笼灯给中式空间增添鸟语花香的氛围

△ 黄铜材质的中式落地灯加上中式玉佩的点缀，将现代与传统进行完美结合

△ 纱灯与中式字画的搭配营造出满室的古韵

△ 陶瓷灯承载了深厚的历史文化渊源，既是实用品又是艺术品

四 新中式风格家具类型

新中式风格家具摒弃了传统中式家具的复杂造型和繁复雕花纹样，多采用简单的几何形体，运用现代的材质及工艺，演绎传统中国文化的精髓，使家具不仅拥有典雅、端庄的中国气息，而且具有明显的现代特征。新中式家具多以线条简练的仿明式家具为主。

黄金法则和常用技巧

新中式家具与传统中式家具最大的不同是，保留传统的神韵，但用简洁的线条、结构等现代的设计语言取代传统的复杂。例如中国传统文化中的象征性元素，如中国结、山水字画、青花瓷、花卉、如意、瑞兽、祥云等，常常出现在新中式家具，但是造型更为简洁流畅。

△ 新中式家具的特点是以现代的设计手法简化传统中式家具的复杂结构

△ 中式高背椅

△ 金属、大理石等现代材料的使用是新中式家具的时代特征

五 新中式风格布艺织物

新中式风格的布艺是跟随时代的变迁而不断发展的，不变的是浓郁的中式情结。将传统元素与现代设计手法巧妙融合，加入了现代感的线条、色彩，使空间更显清新灵动，并且也更符合现代人的审美观念。

类型	图例	特点
面料精致的窗帘		偏禅意的新中式风格适合搭配棉麻材质的素色窗帘；比较传统雅致的空间窗帘建议选择沉稳的咖啡色调或者大地色系，例如浅咖啡色或者灰色、褐色等；如果喜欢明媚、前卫的新中式风格，最理想的窗帘色彩自然是高级灰
凸显中式气质的地毯		新中式风格空间的地毯既可以选择具有现代感的中式元素图案的，也可选择带传统的回纹、万字纹或花鸟山水、福禄寿喜等中国古典图案的。通常大空间适合花纹较多的地毯，小空间则适合图案较朴素简单的
带中式纹样的床品		新中式风格的床品需要通过纹样展现中式传统文化的意韵，而色彩上则突破传统中式的配色手法。在具体款式上，新中式风格的床品不像欧式床品那样要使用流苏、荷叶边等丰富装饰，重点在于色彩和图形要体现一种意境感，例如回纹、花鸟等图案就很容易展现中国风情
中式图案元素的靠枕		如果空间的中式元素比较多，靠枕最好选择简单、纯色的款式；当空间中的中式元素比较少时，可以赋予靠枕更多更复杂的中式元素，例如花鸟、窗格图案等

新中式风格软装饰品

新中式风格有着庄重雅致的东方精神，在饰品的选择上也应该体现中式的神韵。在摆放上，常采取对称或并列的形式，或者按大小摆放出层次感，以营造和谐统一的格调。

类型	图例	特点
吉祥寓意的瓷器摆件		瓷器一直是中国家居重要的饰品，其装饰性不言而喻。将军罐、陶瓷台灯、青花瓷摆件都是新中式风格软装中的重要组成部分。此外，寓意吉祥的动物如狮子、貔貅、鸟类、骏马等造型的瓷器摆件也是新中式风格常用的饰品
浓郁中国风壁饰		新中式风格壁饰应注重与整体环境色调的呼应与协调，沉稳素雅的色彩符合中式风格内敛、质朴的气质。荷叶、金鱼、牡丹等具有吉祥寓意的饰品是常见的新中式空间的壁饰。此外，黑白水墨风格的挂盘也能展现浓郁的中式韵味，寥寥几笔就能带出浓浓中国风
注重意境的中式花艺		新中式风格花艺设计注重意境，追求绘画式的构图，常常搭配摆放其他中式传统配饰，如茶器、文房用具等。花材的选择以枝杆修长、叶片飘逸、花小色淡、寓意美好的种类为主，如松、竹、梅、菊花、柳枝、牡丹、玉兰、迎春、菖蒲、鸢尾等
尽显中式美感的装饰画		新中式风格装饰画一般常常采取大量的留白，渲染唯美诗意。此外花鸟图也是新中式风格常常用到的题材。花鸟图不仅可以展现中式的美感，而且能丰富整体空间的色彩，增添空间瑰丽、唯美的特质

东南亚风格

 一 东南亚风格设计特征

东南亚是一个具有鲜明文化特色的地域。20世纪前后西方近代文化的快速传入让东南亚的传统文化受到冲击，其文化发展进入全新的更替时期。同时，越来越多的华人迁居东南亚，加深中国文化的影响。传统与现代，西方与东方的碰撞下东南亚风格由此形成。

东南亚风格的设计追求自然、原始的氛围，是一种将具有东南亚民族特色的元素运用到家居中的装饰风格。在不断的发展进程中，东南亚风格成为传统工艺、现代思维、自然材料的结合，倡导繁复工艺与简约造型的结合，设计充分利用传统元素，如木结构、纱幔、烛台、藤制装饰、富有代表性的动物图案，更适合现代人的居住习惯和审美要求。

相比其他家居风格，取材自然是东南亚风格最大的特点，装饰时喜欢灵活运用木材和其他天然材料。东南亚风格吊顶设计常采用对称木梁的结构；

墙面大多采用石材、原木或接近天然材质的墙纸进行装饰；布艺等常用的纹样是当地特色植物，如芭蕉叶。

△ 东南亚风格取材天然，藤编装饰的纯实木吊顶最为常见

△ 用芭蕉叶元素装饰空间，最能凸显东南亚的热带岛屿气息

△ 东南亚风格的室内设计善用当地风情的色彩和软装营造格调

二 东南亚风格色彩搭配

东南亚风格通常有两种配色方式：一种是将各种家具包括饰品的颜色控制在棕色或者咖啡色系范围内，再用白色或米黄色进行调和，是比较中性化的色系；另一种是采用艳丽的颜色做背景色或主角色，例如青翠的绿色、鲜艳的橘色、明亮的黄色、低调的紫色等，再搭配艳丽色泽的布艺、黄铜或青铜类的饰品以及藤、木等材料的家具。

 CMYK
65 71 85 36　　△ 深色系

 CMYK
69 30 80 0

CMYK
18 89 81 0　　△ 艳丽色彩

三 东南亚风格照明灯饰

东南亚风格灯饰在设计上融合西方现代概念和亚洲传统文化，通过不同的材料和色彩搭配，在保留东南亚传统特色之余，追求更加丰富的特质。东南亚风格灯饰颜色一般比较单一，多以深木色为主，给人以大地的质朴气息。为了贴近自然，大多就地取材，如贝壳、椰壳、藤、枯树干等天然元素都是灯饰的制作材料，很多还会装点类似流苏的装饰物。

黄金法则和常用技巧

东南亚风格的灯饰造型具有明显的地域民族特征，较多地采用形象化的设计。如铜制的莲蓬灯、大象等动物造型的台灯，手工敲制的具有粗糙肌理的叶片状铜片吊灯等。由于东南亚处于热带地区，气候湿热，风扇灯吊灯也是常见的选择。

△ 木皮灯与大自然融于一体的颜色，很好地诠释了东南亚风格的特点

△ 藤灯是东南亚风格空间最常用的灯饰类型之一，除了照明功能外，也是一件家居艺术品

△ 芭蕉叶的造型让吊扇灯展现出不同的风姿，很好地呈现出东南亚风情

四 东南亚风格家具类型

东南亚风格崇尚自然，通常采用实木、棉麻、藤条、水草、海藻、木皮、麻绳以及椰子壳等材质，家具常用两种以上不同的材料制作，如藤条与木片、藤条与竹条等，工艺上以纯手工打磨或编织为主，没有现代工业化的痕迹。家具表面往往只是涂一层清漆作为保护，保留原始材质较深的本色。

东南亚风格家具不会采用复杂的设计手法，保证完全保留传统的韵味。

△ 藤制家具彰显源自天然的质朴感

△ 造型别致的藤制家具

△ 深色的木雕家具搭配白色纱幔

& 优加观念设计

△ 雕刻精美的柚木家具独具东南亚特有的民族风情

　　纺织工艺发达的东南亚为软装布艺提供了极其丰富的面料选择，细致柔滑的泰国丝、白色略带光感的越南麻、色彩绚丽的印尼绸缎、线条繁复的印度刺绣，这些充满异国风情的软装布艺材料，在居室内随意放置，就能起到很好的点缀作用，给空间氛围营造贵族气息。

类型	图例	特点
棉麻材质窗帘		东南亚风格的窗帘强调垂感，大幅的简洁落地窗帘可以衬托室内装饰的大气。窗帘色彩一般以自然色调为主，以饱和度较低的酒红、墨绿、土褐色等最为常见。材质以棉麻等自然材质为主
手工编织地毯		东南亚风格适合选择亚麻质地的地毯，带有浓浓的自然原始气息。此外，也可选用植物纤维为原料的手工编织地毯。在花色方面，一般根据空间基调选择妖媚艳丽的色彩和抽象的几何图案，休闲妖媚并具有神秘感，展现绚丽的自然风情
白色纱幔		纱幔妖媚而飘逸，是东南亚风格家居不可或缺的装饰，既能起到遮光的功效，也可以点缀卧室空间，挂起一抹纱幔，东南亚的风情便弥漫开来
泰丝靠枕		泰丝制品比一般的丝织品密度大，所以质感稍硬，更有型，不仅色彩绚丽，具有特别的光泽，图案设计也更富于变化，泰丝靠枕不论是摆在沙发上还是床上，都能展现东南亚风格多彩华丽的感觉

东南亚风格软装饰品

　　东南亚的纯手工工艺品种类繁多，大多以纯天然的藤竹柚木为材质，比如木质的大象工艺品、藤编装饰品等，有很强的装饰效果。此外，东南亚是一个充满佛教元素的地方，比如佛像、佛手、烛台、香薰等，将佛教元素的装饰品运用到家居软装中是东南亚风格的特点之一，能让家中多一分禅意的宁静。

类型	图例	特点
天然材质的手工艺品摆件		东南亚风格的摆件多为具有当地文化特色的纯天然材质的手工艺品，并且大多保留原始材料的颜色。如粗陶摆件，藤或麻制成的装饰盒或相框，大象、莲花、棕榈等造型摆件，富有禅意，充满淡淡的温馨与自然气息。东南亚是笃信佛教的地方，佛像也就成为不可或缺的陈设
追求意境美的壁饰		东南亚风格的软装元素在精不在多，选择墙面装饰挂件时注意留白和意境，营造沉稳大方的空间格调，选用少量的木雕工艺饰品和铜制品点缀便可以起到画龙点睛的作用
凸显热带风情的大叶绿植		东南亚风格常选用大叶片的观叶类植物作为装饰，比如类似芭蕉叶的滴水观音。在装有少量水的托盘或者青石缸中洒上玫瑰花瓣，可打造出东南亚水漂花的浪漫感
花草图案或动物图案的装饰画		东南亚风格装饰画的题材以热带风情的花草图案为主，塑造华丽繁盛的气氛。选择能代表东南亚文化的动物图案也可以帮助提升东南亚风情，比如孔雀、大象等

一 地中海风格设计特征

　　地中海风格因富有浓郁的地中海人文风情和地域特征而闻名。它是海洋风格室内设计的典型代表，具有自由奔放、多彩明媚的特点。软装设计通常大量运用海洋元素。色彩在大量使用蓝色和白色的基础上，加入鹅黄，起到暖化空间的作用。空间穿透性与视觉的延伸是地中海风格最常用的设计手法，比如大大的落地窗户。空间结构上充分利用拱形结构，延展空间并增添趣味性，赋予生活更多的情趣。

　　地中海风格的装饰手法具有鲜明的特征，地面可以选择纹理比较强的鹅黄仿古砖，甚至可以使用水泥自流平，墙面可以刷出肌理感，顶面可以选择木制横梁。窗帘、桌巾、沙发套、灯罩等布艺均以低彩度色调的棉织品为主，并常选择素雅的小细花、条纹格子等图案。此外，马赛克拼花图案也经常在地中海风格的空间中出现。

△ 希腊地中海风格的空间中常见海洋元素的装饰，让人感受到蔚蓝大海的自然风光

△ 做旧工艺的木梁也是打造浪漫的地中海风格的首选

△ 利用拱形营造空间延伸的通透感是地中海风格的一大特征

二 地中海风格色彩搭配

地中海风格的最大魅力就是其高饱和度的色彩设计，并且由于地中海地区国家众多，室内装饰的配色也往往呈现多种特色。

西班牙、希腊地中海以蓝色与白色为代表，这也是地中海风格最典型的色彩搭配方案，两种颜色都具有清新自然的浪漫气息；意大利地中海以金黄向日葵花色为代表；法国地中海以薰衣草的蓝紫色为代表；北非地中海以沙漠及岩石的红褐、土黄等大地色为代表。地中海风格的配色形式变幻纷呈，呈现出无穷的色彩魅力。

CMYK
29 42 47 0

△ 地中海风格设计中大量运用石头、木材等自然材质，具有粗糙质感的大地色也成为地中海风格常用色之一

& 印象空间设计

CMYK
61 38 38 0

CMYK
0 20 60 20

△ 蓝白色空间局部加入金属元素的点缀，浪漫中彰显贵气

CMYK
65 45 27 0

CMYK
0 0 0 0

△ 蓝色与白色的搭配是希腊地中海风格最典型的色彩搭配

三　地中海风格照明灯饰

地中海风格灯具常使用蓝色玻璃制作成透明灯罩，通过其透出的光线，具有非常绚烂的明亮感，让人联想到阳光、海岸、蓝天。灯臂或者中柱部分常常会作擦漆做旧处理，这种设计方式除了让灯饰具有类似欧式灯饰的质感，还可以营造出被海风吹蚀的意象。

在灯具的造型上也有很多的创新，比较有代表性的是以风扇为造型和以花朵为造型的吊灯，灯罩呈现多种色彩和造型，而壁灯往往会设计成美人鱼、船舵、贝壳等造型。

△　蒂凡尼灯饰

△　仿古马灯

△　使用摩洛哥风灯为室内空间增添别样的异域风情

△　以欧式烛台为原型的地中海风格铁艺灯

四 地中海风格家具类型

地中海风格的家具经常运用做旧工艺，营造风吹日晒后的自然美感。在家具材质上一般选用自然的原木、天然的石材或者藤类，此外独特的锻打铁艺家具也非常适合地中海风格。

为了延续希腊古老的人文色彩，地中海家具非常重视对木材的运用并保留木材的原色，另外一些古旧的色彩，如土黄、棕褐色、土红色等也比较常见。

黄金法则和常用技巧

如果是在户型不大的空间里选择地中海风格，最好选择一些比较低矮的家具，这样能让视线更加的开阔。同时，家具的线条应以柔和为主，可选择边角做成曲线的，或整体造型是圆形、椭圆形的木制家具，与整个环境浑然一体，让整个空间显得更加柔美清新，充满意趣。

△ 家具上应用做旧工艺能模仿被海风吹蚀的自然印迹

△ 藤制家具是经常出现在地中海风格空间的家具类型之一

△ 船形造型的家具特别容易塑造地中海的海洋风情

地中海风格往往带有田园自然气息，所以色彩柔和的小碎花、条纹、格子图案的布艺是其常用元素。色彩上，蓝色和白色是最常用的。此外，选择带有具象的海洋元素的布艺，能让家居环境多一分活泼与随性。

类型	图例	特点
清新素雅的窗帘		清新素雅是地中海风格窗帘的特点，如果窗帘的颜色过重，会让空间变得沉闷，而颜色过浅，会影响遮光性。因此根据室内的整体装饰格调，可选择较为温和的蓝色、浅褐色等色调，也可采用两种或两种以上的单色布拼接制作，形成活泼的撞色
纯天然材质地毯		蓝、白、土黄、红褐、蓝、紫、绿色等色彩的地毯更能营造地中海风格轻松愉悦的氛围。可以选择棉麻、椰纤、编草等纯天然的材质。如果觉得室内的其他装饰色彩过于素雅，也可选择一张动物皮毛地毯改变空间的氛围
经典色系床品		地中海风格床品的材质通常采用天然的棉麻。蓝白地中海风格最主要的色彩，也是地中海风格床品最常使用的颜色，而且无论是条纹还是格子的图案都能让人感受到大自然柔和的魅力
棉麻材质桌布		地中海风格的餐桌适合选用棉麻材质的桌布，棉麻材质不仅天然环保、吸水性好，而且极具自然感。纹样上可以选择蓝白条纹、浅色格子以及小花朵等图案

六 地中海风格软装饰品

地中海风格属于海洋风格，有关海洋的各类装饰物件，如帆船、冲浪板、灯塔、珊瑚、海星、鹅卵石等素材，都可以用来妆点地中海风格的空间。此外，还可以加入一些红瓦和粗陶制品，让空间散发出古朴自然的气息。

类型	图例	特点
海洋主题摆件		地中海风格宜选择与海洋主题有关的摆件饰品，如帆船模型、贝壳工艺品、海鸟雕塑、鱼类等。此外，铁艺饰品也是地中海风格常用的，无论是铁艺花器，还是铁艺烛台，都能为地中海风格的家居空间制造亮点
做旧处理的壁饰		在地中海风格家居的墙上可以挂上各种救生圈、罗盘、船舵、钟表、相框等壁饰。由于地中海地区阳光充足、湿气重、海风大的原因，物品往往容易被侵蚀、风化，所以对饰品进行适当的做旧处理，能展现出地中海的地域特征
绿意盎然的绿植与花艺		地中海风格常使用爬藤类植物装饰家居，也可以利用精巧曼妙的绿色盆栽让空间显得绿意盎然。简单插在陶瓷、玻璃以及藤编花器中的小束鲜花或者干花可以丰富空间的色彩，成为空间的亮点，甚至枯树枝也时常作为花材用于室内装饰
静物内容装饰画		地中海风格装饰画一般以静物为主题，如海岛植物、帆船、沙滩、鱼类、贝壳、海鸟、蓝天白云，以及圣托里尼岛上的蓝白建筑，都能给空间制造不少浪漫情怀

现代简约风格

一 现代简约风格设计特征

在当今的室内装饰中，现代简约风格非常受欢迎，因为其简约的品质、重视功能的设计最符合现代人的生活需求。

现代简约风格的特点是将色彩、照明、家具等设计元素简化到最少，虽然元素少，但其实对色彩、材料应用等的要求更高。

想要打造现代简约风格，一定要先重新整理空间线条，整合垂直与水平线条，不做无用的装饰，呈现利落的线条感，使视觉能在空间顺畅延伸不受阻碍。材质的运用会影响空间的质感，现代简约风格在装饰材料的使用上更为大胆和富于创新。玻璃、钢铁、不锈钢、金属、塑胶等具有现代感的材质最能表现现代简约的风格特色。另外，具有自然纯朴特性的石材、原木也很适合现代简约风格的空间，呈现出另一种时尚温暖的质感。

△ 简洁利落的线条是现代简约风格的主要特征之一

△ 利用石材、布艺织物等材料本身的质感凸显家居品质

△ 玻璃、镜面等通透感材质的运用

二 现代简约风格色彩搭配

用高度凝练的色彩和极度简洁的造型，描绘出丰富动人的空间效果，是简约风格的最高境界。很多人认为只有白色和黑色才能代表简约，其实，原木色、黄色、绿色、灰色都可以运用于简约风格的家居。例如白色和原木色的搭配对于简约风格来说是天作之合，天然的原木色和白色浑然天成，不会有任何的不协调。

近年来，高级灰走红，深受人们的喜欢，灰色元素也常被运用到现代简约风格的室内装饰中。除此之外，要展现出现代简约风格的个性，也可以使用强烈的对比色彩，突显空间的个性。

CMYK
0 0 0 100

CMYK
0 0 0 0

△ 黑白色

&杜文彪设计

CMYK
16 36 92 0

CMYK
75 18 2 0

△ 对比色的应用

CMYK
16 25 33 0

△ 中性色

CMYK
47 35 31 0

△ 高级灰

三 现代简约风格照明灯饰

现代简约风格灯饰除了简约的造型，更加讲求实用性。吸顶灯、筒灯、落地灯、精致小吊灯等是最常被使用的灯具形式，在材质的选择上以亚克力、玻璃、金属等为主。

吸顶灯适用于层高较低的空间，或是兼有会客功能的多功能房间，因为吸顶灯底部完全贴合顶面，特别节省空间。现代简约风格空间中的点光源照明主要通过筒灯来实现，如果想营造温馨的感觉，可试着装设多盏筒灯，减轻空间的冷峻感。

△ 利用灯槽吊顶的形式取代主灯照明，显得简洁的同时在视觉上提升层高

△ 相比于只有一盏吊灯作为主照明的情况，多处点光源叠加的视觉效果更有层次感

黄金法则和常用技巧

无主灯照明是现代简约风格空间的一种设计手法，能营造空间的极简效果。但其实无主灯设计并不是没有主照明，只是将主照明设计成了藏在吊顶里的隐式照明。

△ 明装筒灯和射灯组成卧室空间的主光源

△ 吸顶灯紧贴顶面，非常适合层高较低的空间

四 现代简约风格家具类型

现代简约风格的家具线条简洁流畅，无论是造型简洁的椅子，或是强调舒适感的沙发，其功能性与装饰性都能实现恰到好处的结合。多功能家具，比如能用作床的沙发、具有收纳功能的茶几等，通过简单的推移、翻转、折叠、旋转就能完成不同功能之间的转化，非常适合现代简约风格的家居环境。

此外，直线条的应用也是现代简约风格家具的特点之一，无论是沙发、床还是各类单椅，直线条的简单造型都能令人感受到简约的魅力。

△ 多功能家具

△ 直线条的布艺沙发彰显现代简约的特点

△ 小面积的阅读区适合现场定制书桌和书柜

△ 餐厅卡座节省空间的同时具有强大的收纳能力

现代简约风格空间进行布艺选择时，要结合家具色彩确定一个主色调，使居室整体的色彩、美感协调一致。除了装饰作用之外，布艺还具有调整户型格局缺陷的功能。例如层高不够的简约空间可选择色彩强烈的竖条图案的窗帘，而且尽量不做帘头，帮助提升视觉高度；采用简单明快的素色窗帘也能够减少压抑感。

类型	图例	特点
纯色或条状图案窗帘		现代简约风格的空间要体现简洁、明快的特点，所以窗帘的花色不宜繁复，以免破坏整体感觉，可以选择纯色或者条状等极简的几何图案。材质上可选择纯棉、麻、丝等肌理丰富的材质，保证窗帘自然垂地的感觉
纯色或几何纹样地毯		纯色地毯具有素净淡雅的视觉效果，非常适用于现代简约风格的空间。此外，几何图案的地毯简约不失设计感，也很合适搭配简约风格的家居
体现简约美感的床品		简单的纯色床品最能彰显现代简约的生活态度。白色床品有种极致的简约美，深色床品则让人觉得沉稳安静。用百搭的米色作为床品的主色调，辅以或深或浅的灰色作点缀，能营造恬静的简约氛围。在材料上，全棉、白织提花面料都是非常好的选择
提升居室气质的靠枕		在现代简约空间中，选择条纹的靠枕肯定不会出错，它能很好地弥补纯色和简单样式带来的乏味感。如果房间中的灯饰很精致，那么可以按灯饰的颜色选择靠枕；根据地毯的颜色搭配靠枕，也是极佳的选择

六 现代简约风格软装饰品

现代简约风格的饰品普遍采用极简的外观造型、素雅单一的色调和经济环保的材料。最为突出的特点是简约、实用、不占空间。简约不等于简单，现代简约风格空间中的每件饰品都是经过精心选择，是整体空间设计的延伸，不是简单的堆砌摆放。

类型	图例	特点
造型简洁的摆件		现代简约风格家居应尽量挑选造型简洁的高纯度色彩的摆件，数量上不宜太多，材质上可选择金属、玻璃、瓷器的现代风格工艺品。线条简单、造型独特、富有创意和个性的摆件都可以用来装点简约风格的空间
点睛作用的壁饰		可用于现代简约风格空间的壁饰多种多样。可选择简约风格的挂钟，外框以不锈钢居多，钟面色彩单纯，指针造型简洁大气；挂镜不但具有视觉延伸作用，能增加空间感，也可以凸显时尚气息；照片墙不仅具有很好的装饰作用，还能增添现代简约家居空间的生活气息和温馨感
表现清新纯美的花艺		白绿色的花艺或纯绿植具有清新纯美的感觉，与简洁干练的现代简约空间是最佳搭配。花器造型以线条简单的几何形状为佳
形成色彩呼应的装饰画		现代简约风格的装饰画的选择范围比较广，最常用的是各种抽象画、概念画。颜色可以与房间主体颜色相同或接近，也可以用黑白灰的无彩色，如果选择带亮黄、橘红的装饰画则能起到点亮视觉、暖化空间的效果

3

DESIGN

软 装 设 计
从 入 门
到 精 通

第 三 章

软装
设计
材料
类型

家具材料

一 皮质家具

皮质家具根据原材料的不同可分为真皮、人造皮两种。真皮家具纹路清晰、质感柔和、光洁度高，而且十分细腻。人造皮是用 PVC 塑料制作而成的皮质材料，虽然质感和色彩没有真皮自然，但在价格上较为实惠。

皮质家具还分为亚光皮家具和亮面皮家具，亚光皮既有皮料应有的质感，隐约浮现的光泽又有轻奢的味道。而亮面皮则会呈现出迷人的光泽，能让室内空间充满个性。

黄金法则和常用技巧

皮质沙发是现代家庭中运用较多的皮质家具。很多皮质沙发并不是全皮，通常是与人体接触部位为真正的皮质，其余部分是人造皮革，只是两者颜色非常接近，如果整个沙发全部是皮质组成，则价格会较高。

△ 轻奢风格家居中的皮质家具在奢华的气质以外，还融合了各种丰富的设计元素

△ 工业风格皮质家具表面带有磨旧的质感，更好地表现复古的感觉

△ 美式风格的皮质沙发除了体积大的特点之外，还常见铆钉的装饰

二 布艺家具

麻布家具的质感紧密而不失柔和，软硬适中，具有古朴自然的气质；混纺布艺家具可以呈现出丝质、绒布、麻料等各种不同的视觉效果；纯棉类的布艺家具透气性较好，亲肤且自然环保，是目前市场占有率最高的款型；绒布家具的质地柔软，手感舒滑且富有弹性，但是价格要略贵一些；科技布是近十年出现的新产品，也是家具最常用的材料，其实就是大家俗称的涤纶，是一种人造纤维面料，外观和质感具有真皮的纹理和色泽，又具有布的透气性，并且耐磨性、耐光性都非常好，价格也较低廉，但质感、触感上不如真皮高级。

搭配方面，布艺家具可以根据布料的差异，配合不同风格的空间。现代简约、田园、新中式或者是混搭风格空间都可以选用布艺家具。

布艺沙发是应用最广的布艺家具之一，最大的优点是舒适自然、休闲感强，能让人体验到家居放松的感觉，而且可以随意更换不同风格和花色的沙发套，清洗起来也很方便。

△ 科技布家具

△ 纯棉布艺家具

△ 混纺布艺家具

△ 麻布家具

△ 绒布家具

三 金属家具

以金属管材、板材等作为主架构，配以其他材料而制成的家具或完全由金属材料制作的铁艺家具，统称金属家具。钢木家具是金属家具中的常见的种类。金属家具可以很好地营造不同房间所需要的不同氛围，使得家居风格多元化和富有现代气息。

现代金属家具的主要构成部件大都采用厚度为1~1.2mm的优质薄壁碳素钢不锈钢管或铝金属管等制作。由于薄壁金属管韧性强，延展性好，可充分发挥设计师的艺术匠心，加工成各种美丽多姿的造型和款式。许多金属家具形态独特，风格前卫，展现出极强的个性化风采，这些往往是木质家具难以比拟和企及的。

△ Ins 风镂空铁丝网椅

△ 体现复古风情的铁艺床

△ 异形金属茶几

△ 后现代风格的金属边几

四 玻璃家具

玻璃家具一般采用高硬度的强化玻璃和金属框架制成，具有轻薄、晶莹剔透的视觉感，非常时尚。除了本身具有的通透性之外，玻璃还具有很好的可塑性，制作的各类家具不仅具有很好的实用性，而且还具有不易变形、抗老化等特点。相比于其他材质类的家具，玻璃材质更容易制件出各式各样的优美造型，例如茶几、装饰柜等，给人以视觉的艺术享受。

常见的应用于家具的玻璃有平板玻璃、工艺玻璃、艺术玻璃三种。没有经过艺术加工的平板玻璃分为青玻璃、白玻璃、有色玻璃三类，通常用于书柜、隔断屏风等家具；工艺玻璃在平板玻璃的基础上施加磨边、钢化、热弯、粘接等工艺，让平板玻璃具有某种特性；艺术玻璃是在平板或工艺玻璃的基础上进行艺术处理，达到更为美观的效果。

&|库玛设计

△ 玻璃与实木相结合的书桌，让书房更具通透感

△ 平板有色玻璃茶几

△ 热弯工艺玻璃茶几

实木家具

实木家具可分为纯实木家具与仿实木家具。表面一般都能看到木材的纹理，偶有树结的板面也具有清新自然的气质。

纯实木家具的所有用料都是实木，不使用其他任何形式的人造板。纯实木家具的选材、烘干、指接、拼缝等要求都很严格，如果哪一道工序把关不严，

小则出现开裂、接合处松动等现象，大则整套家具变形，无法使用。

仿实木家具从外观上看像是实木家具，木材的纹理、手感及色泽都和实木家具十分接近，但实际上是实木和人造板混合制成的家具。即侧面板、顶板、底板、搁板等非关键部位部件使用薄木贴面的刨花板或中密度板纤维板。这种制作工艺不仅节约木材，降低成本，而且整体呈现出的视觉效果也十分出众。

△ 实木圈椅是仿明式家具的代表之一，具有明显的时代特征

△ 美式乡村风格的空间中，往往会使用大量让人感觉笨重且深颜色的实木家具

△ 纯实木家具

△ 仿实木家具

板式家具是指以人造板为主要基材，以板件为基本结构的拆装组合式家具。常见的人造板材有胶合板、细木工板、刨花板、中纤板等。胶合板常用于制作需要弯曲变形的家具；细木工板性能会受板芯材质影响；刨花板材质疏松，仅用于低档家具。性价比最高、最常用的是中密度纤维板。

△ 新中式风格的装饰相对简洁，空间中常用线条硬朗的板式家具

△ 轻奢风格家居强调线条感，适合搭配加入金属元素的板式家具

板式家具常见的饰面材料有薄木、木纹纸、PVC胶板、聚酯漆面等。

人造板材相对来说不易发生变形、断裂现象。优质的板材密度高，结构紧密，物理性能稳定。所以板式家具不易变形，其抗弯力不亚于甚至有些高于纯实木家具。人造板材对原木的使用率高，价格要比天然木材便宜，因此板式家具的价格一般远远低于实木家具的价格。而且人造板材基本采用的都是木材的边角余料，无形中节约了有限的自然资源。

△ 板式家具在色彩上更加多变，舒适实用的同时又富有艺术美感

△ 板式家具崇尚简约之美，因而在工艺方面也极力使线条简洁流畅

七 藤制家具

藤是生长在热带雨林中的蔓生植物，质轻而坚韧，可编织出各种形态的家具。藤制品最大的特色是吸湿、吸热、透气、防虫蛀以及不会轻易变形和开裂等，而且色泽素雅、光洁凉爽，无论置于室内或庭院，都具有浓郁的自然气息和清淡雅致的情趣。按藤材料的不同，藤制家具分为藤皮家具、藤芯家具、原藤条家具、磨皮藤条家具等。

藤皮家具是指外表以藤皮为主要原料的家具，其骨架多为藤条，具有质地光滑、图案感强等特点；藤芯家具是以藤芯为主要原料加工而成的家具，其表面肌理粗糙，整体形象饱满充实；原藤条家具是用不经特殊处理的原藤条材质直接加工而成；磨皮藤条家具由磨去表面蜡质层后的藤条加工而成，由于表面易于涂饰，因此色彩搭配较为丰富。

△ 庭院或是阳台花园中摆设自然纯朴的藤制家具，极具休闲舒适感

△ 藤编家具取材环保自然，是东南亚风格家具的首选

△ 藤质家具是地中海风格空间常见的家具类型之一，适合表现清新自然的特点

灯饰材料

一 铜灯

铜灯是以铜作为主要材料的灯饰，包含紫铜和黄铜两种材质。铜灯是使用寿命最长久的灯具，具有贵族气息，非常适用于大户型和别墅空间。

目前具有欧美文化特色的欧式铜灯是主流，它吸取了欧洲古典灯具的表现元素，沿袭了古典宫廷的艺术特征，采用现代工艺精制而成。对于欧式风格来说，铜灯几乎是百搭的，全铜吊灯及全铜玻璃焊锡灯都适合；美式铜灯主要以枝形灯、单锅灯等简洁明快的造型为主，色彩、质感、形状和细节装饰都追求复古怀旧的氛围，无不体现出历史的沧桑感，一盏手工作旧的油漆铜灯，是美式风格的完美载体；现代风格可以选择造型简洁的全铜玻璃焊锡灯，玻璃以清光透明及磨砂简单处理的为宜。

& 纳沃佩思设计

△ 全铜台灯

& 青云思设计

△ 全铜吊灯

& 尚层设计

△ 全铜壁灯

二 水晶灯

水晶灯给人绚丽、高贵、梦幻的感觉。由于天然水晶往往含有横纹、絮状物等天然瑕疵，并且资源有限，所以市场上销售的水晶灯通常都是使用人造水晶或者工艺水晶制作而成的。通常层高不够的空间不宜选择多层且繁复的水晶吊灯，适宜安装简洁造型的水晶吊灯。

一般来说，水晶灯的直径大小由空间面积来决定的，10~25m² 的空间选择直径在 1m 左右的水晶灯是极具美感的，30m² 以上的空间选择直径在 1.5m 及以上的水晶灯为宜，如果房间过小，安装过大的水晶灯会影响整体的协调性。

△ 新古典风格的空间中，水晶灯的样式相对比较简洁

△ 水晶灯给人璀璨亮丽的视觉感受，独具奢华的高贵质感

△ 水晶灯在玻璃墙面的映衬下，显得更加晶莹耀眼

三 铁艺灯

传统的铁艺灯起源于西方，在中世纪的欧洲教堂和皇室宫殿中，因为电还没有被发明，铁艺烛台灯是贵族的不二选择。随着灯泡的出现，欧式古典铁艺烛台灯也由原来的蜡烛变成灯泡等用电的光源，形成更为漂亮的欧式铁艺灯。

黄金法则和常用技巧

铁艺灯有很多种造型和颜色，并不只是适合于欧式风格的装饰，也是地中海风格和乡村田园风格空间中的必选灯具。有些铁艺灯采用做旧的工艺，给人一种岁月的沧桑感，与同样没有经过雕琢的原木家具及手工摆件是很好的搭配。

△ 铁艺鸟笼灯是中式风格空间中常见的装饰元素

△ 美式风格铁艺吊灯

△ 做旧的铁艺吊灯体现地中海风格质朴的特点

四 陶瓷灯

陶瓷灯是采用陶瓷材质制作成的灯饰，外观精美，有陶瓷底座灯与陶瓷镂空灯两种，其中以陶瓷底座灯最为常见。目前最常见的陶瓷灯是台灯的款式。因为其他类型的灯具做工比较复杂，很难使用瓷器。

新中式风格的陶瓷灯往往带有手绘的花鸟图案，装饰性强并且寓意吉祥；美式风格的陶瓷灯表面常采用做旧工艺，整体优雅而自然，与美式家具相得益彰。

△ 法式风格中的陶瓷灯通常带有金属的底座

△ 中式风格陶瓷灯给空间带来淡淡的禅意

△ 做工精美的陶瓷台灯宛如一件艺术藏品

五　藤制灯

　　藤制灯的灯架及灯罩都由藤材料制成，灯光透过藤缝投射出来，斑驳流离，美不胜收。藤制灯不仅可以用于家居照明，同时也是极具艺术美感的装饰品。

　　藤制灯在东南亚风格中的运用十分常见。东南亚风格的灯饰常常就地取材，如贝壳、椰壳、藤、枯树干等天然材质，都是制作材料。

△ 藤艺灯具有简洁、质朴的风格和返璞归真的亲近感

△ 藤艺灯给空间营造朴素自然的气息

△ 藤制灯保留藤条原色，不但显得优雅，而且营造出清凉的感觉

六 木质灯

木质比塑料、金属等材料更为环保、柔和。木质灯具能为室内空间增添自然清新的气息。由于木材是不耐腐蚀的天然材料，因此需要经过防腐及加固处理，让其更为耐用。

木质灯通常用于中式、日式等东方古典风格的空间中。木头自带的温润感觉可以给家里增添几分典雅。配合羊皮、纸、陶瓷等材料，木质灯可以打造出中国传统风格。纸或羊皮上常常绘制传统的花鸟图案，配合木材镶边，让居室瞬间变得温情委婉。

△ 木质灯具有自然环保的特点，让人感到放松和舒畅

七 纸质灯

纸质灯的设计灵感来源于中国古代的灯笼，具有其他材质的灯饰无可比拟的轻盈质感和可塑性，那种被半透的纸张过滤成柔和、朦胧的灯光更是令人沉醉。纸质灯造型多种多样，可以和很多风格搭配出不同的效果。纸质灯一般多以组群形式悬挂，大小不一、错落有致，极具创意和装饰性。例如在现代简约风格的空间中选择一款纯白色纸质吊灯，更能给空间增加一分禅意。

羊皮纸灯饰也是纸质灯的一种，虽然名为羊皮灯，但市场上真正用羊皮制作的灯并不多，大多是用质地与羊皮差不多的羊皮纸制作而成的。

△ 纸质灯质感轻盈，适合营造淡淡的禅意氛围

布艺材料

 窗帘材料

丰富多彩的窗帘布艺可为居室营造或清新自然或典雅华丽或高调浪漫的格调，是不可缺少的软装装饰组成部分。窗帘的材质、色彩、款式、意蕴等表现形式要与室内装饰的格调相统一。

窗帘按材质可分为棉质、麻质、纱质、丝质、雪尼尔、植绒、人造纤维等。棉、麻是窗帘布艺常用的材料，易于洗涤，价格也相对便宜；丝质、绸缎等材质比较高档，价格相对较高。居住者可根据自己的爱好、空间的风格、采光等环境条件考虑选择布艺材质，要求与整体空间设计取得平衡与和谐，达到锦上添花的效果。

植绒窗帘		如果想要营造奢华艳丽的感觉，同时又觉得丝质、雪尼尔面料价格较贵，可以考虑价格相对适中的植绒面料。植绒面料以布料为底料，正面植上尼龙绒毛或黏胶绒毛，再经加工而成。植绒窗帘具有手感好、挡光度好的特点
亚麻窗帘		亚麻属于天然材质，是由从植物的茎干中抽取出的纤维制造成的织品，通常有粗麻和细麻之分，粗麻风格粗犷，而细麻则相对细腻一点

棉质窗帘		棉质属于天然的材质，由棉花纺织而成，吸水性、透气性佳，触感亲肤，染色鲜艳。缺点是容易缩水，不耐阳光照射，较于其他布料容易受损
丝质窗帘		丝质是由蚕茧抽丝做成的织品。其特点是光鲜亮丽，触感滑顺，具有贵气的感觉。但是纯丝绸价格昂贵，现在市面上有较多混合丝绸，功能性强，使用寿命长，价格也更便宜一些
雪尼尔窗帘		雪尼尔由一种新型的花式纱线纺织而成，这种纱线是利用两根股线做芯线，再采用加捻技术将羽纱夹在中间纺制而成。雪尼尔窗帘有很多优点，不仅具有材质本身的优良特性，而且表面的花型有凹凸感，立体感强。整体看上去高档华丽，具有极佳的装饰性，散发着典雅高贵的气质
纱质窗帘		纱质窗帘装饰性强，透光性能好，能增强室内的纵深感，一般适合在客厅或阳台使用。但是纱质窗帘遮光能力弱，不适合在卧室使用
人造纤维窗帘		人造纤维在窗帘材质里是运用最广泛的材质，功能性超强，如耐日晒、不易变形、耐摩擦、染色性佳

纯毛地毯		纯毛地毯一般以绵羊毛为原料编织而成，价格相对昂贵。纯毛地毯通常多用于卧室或更衣室等私密和容易保持清洁的空间，也可以赤脚踩在地毯上，脚感非常舒适
混纺地毯		混纺地毯是在纯毛中加入了一定比例的化学纤维制成。在花色、质地、手感方面与纯毛地毯差别不大。装饰性不亚于纯毛地毯，且克服了纯毛地毯不耐虫蛀的特点，价格上也便宜很多
化纤地毯		化纤地毯分为两种，一种使用面为聚丙烯，背衬为防滑橡胶，价格与纯棉地毯差不多，但花样品种更多；另一种是仿雪尼尔簇绒，纺制形式与雪尼尔类似，只是材料换成了化纤，价格便宜，但容易起静电
真皮地毯		真皮地毯一般指皮毛一体的地毯，例如牛皮、马皮、羊皮等，使用真皮地毯能让空间具有奢华感。此外，真皮地毯由于价格昂贵，还具有很高的收藏价值
麻质地毯		麻质地毯分为粗麻地毯、细麻地毯以及剑麻地毯等，是一种具有自然感和清凉感的材质，是乡村风格家居最好的烘托元素，能给居室营造出一种质朴的感觉
纯棉地毯		纯棉地毯的原材料为棉纤维，分平织毯、线毯、雪尼尔簇绒系列等很多种，性价比较高，脚感柔软舒适。不过因为吸水性好，容易发生霉变

纯棉床品		纯棉手感好，使用舒适，不容易起静电，是最常用的床上用品材质。但纯棉床品容易起皱，易缩水，弹性差，耐酸不耐碱
涤棉床品		涤棉是采用65%涤纶、35%棉配比制作的面料，分为平纹和斜纹两种。平纹涤棉布面细薄，强度和耐磨性都很好，缩水率极小，制成产品外形不易走样；斜纹涤棉通常比平纹密度大，所以显得密致厚实，表面光泽和手感都比平纹好
棉麻床品		棉麻是棉和麻的混纺织物，结合了棉、麻材料各自的优点。亚麻的纤维是中空的，富含氧气，具有抑制细菌和真菌的效果。棉纤维具有较好的吸湿性，所以在接触人的皮肤时，能使人感到柔软干爽
真丝床品		真丝一般指蚕丝，属于一种天然蛋白质纤维，包括桑蚕丝、柞蚕丝、蓖麻蚕丝、木薯蚕丝等。真丝面料的床品外观华丽、富贵，有天然柔光及闪烁效果，而且弹性和吸湿性比棉质床品好

　　靠枕的外包材料多种多样。不同材料的靠枕能给人带来不一样的使用体验。一般桃皮绒的靠枕较为柔软舒适，而夏天则比较适合使用纯麻面料的靠枕，因为麻纤维具有较强的吸湿性和透气性。

常见靠枕外包材料

纯棉		纯棉面料是以棉花为原料，经纺织工艺生产的面料。以纯棉作为外包材料的靠枕，舒适度较高。但纯棉面料易皱，使用后最好将其处理平整
蕾丝		蕾丝材料在视觉上显得比较轻薄，即使是多层的设计也不会觉得很厚重，因此以蕾丝作为包面的靠枕可以给人一种清凉的感觉，并且呈现出甜美优雅的视觉效果
聚酯纤维		聚酯纤维面料是以有机二元酸和二元醇缩聚而成的合成纤维，是当前合成纤维的第一大品种，又被称之为涤纶。将其作为靠枕的外包材料，结实耐用，不霉不蛀
亚麻		以亚麻作为外包材料制作而成的靠枕，具有清凉干爽的特点。此外，亚麻材质虽然表面的纹理感很强，能让靠枕呈现出自然且独特的气质，触摸会有比较明显的凹凸感，但不会感觉到粗糙扎手
桃皮绒		桃皮绒是由超细纤维组成的一种薄型织物，其表面的绒毛很短，几乎看不出来，因此视觉感细腻，很像绸缎但无明显的反光。虽然绒毛看不出来，但皮肤却能感知，手感温柔别致

枕芯是靠枕的主要组成部分，常见的用材主要有棉花、PP棉、羽绒、蚕丝等。此外，也可以采用天然填充物作为靠枕的枕芯，与复合纤维比起来，天然填充物不仅环保，而且舒适度也较高。

常见靠枕内芯材料

PP棉		PP棉不仅柔软舒适，而且价格便宜，还具有易清洗晾晒、手感蓬松柔软等特点，是目前市场上作为靠枕芯的最常见的填充物
羽绒		羽绒属于动物性蛋白质纤维，纤维上密布千万个三角形的细小气孔，能够随着气温变化收缩膨胀，产生调温的功能。因此羽绒靠枕具有轻柔舒适、吸湿透气的功能特点
棉花		棉花是最为常见的布艺原料，由于棉纤维细度较细有天然卷曲，截面有中腔，所以保暖性较好，蓄热能力很强，而且不易产生静电。但棉花用久了容易失去弹性，需要定期晾晒、拍打，帮助棉花纤维恢复弹性
蚕丝		蚕丝也称天然丝，是自然界中最轻最柔最细的天然纤维。撤销外力后可轻松恢复原状，用蚕丝做成的靠枕内芯不结饼、不发闷、不缩拢，均匀柔和

墙纸材料

一 墙布

墙布主要以丝、羊毛、棉、麻等纤维织成，由于花纹都是平织上去的，给人一种立体的真实感，摸上去也很有质感。墙布可满足多样性的审美要求与时尚需求，因此也被称之为墙上的时装，具有艺术与工艺价值。

墙布的种类繁多，按材料可分为纱线墙布、织布类墙布、植绒墙布和功能类墙布等。其中织布类墙布可分为平织墙布、提花墙布、无纺布墙布以及刺绣墙布等类型。

不同质地、花纹、颜色的墙布用于不同的房间，与不同的家具搭配，具有不一样的装饰效果。在为室内墙面搭配墙布时，既可选择一种样式以体现统一的装饰风格，也可以根据不同功能区的特点以及使用需求选择不同款式的墙布，以达到最为贴切的装饰效果。

△ 植绒墙布

△ 纱线墙布

△ 无纺墙布

△ 平织墙布

△ 墙布表层材质为丝、布等，可呈现细致精巧的质感

△ 提花墙布

△ 刺绣墙布

二 手绘墙纸

手绘墙纸指的是在各类材料上进行绘画的墙纸，也可以理解为绘制在各类材质上的大幅装饰画。可作为手绘墙纸的材质主要有真丝、金箔、银箔、草编、竹质、纯纸等。绘画类型一般有工笔、写意、重彩、水墨等。手绘墙纸颠覆了只能在墙面上绘画的概念，而且更富装饰性，能让室内空间呈现出焕然一新的视觉效果。

手绘墙纸按材质可分为布面手绘、PVC 手绘、真丝手绘、金箔手绘、银箔手绘、纯纸手绘、草编手绘、竹墙纸手绘等，其中布面手绘的材质又有亚麻布、棉麻混纺布、丝绸布等。

△ 银箔手绘墙纸

△ 真丝手绘墙纸

△ 纯纸手绘墙纸

△ 金箔手绘墙纸

三 纸质墙纸

纸质墙纸是一种用纸浆制成的墙纸，这种墙纸由于使用纯天然纸浆纤维，透气性好，并且吸水吸潮，是一种环保低碳的装饰材料。纸质墙纸由两层原生木浆纸复合而成：表层纸为韧性很强的构树纤维棉纸，底纸为吸潮性、透气性很强的檀皮草浆宣纸。

纸质墙纸的材质有原生木浆纸和再生纸。原生木浆纸以原生木浆为原材料，经打浆成型，特点是韧性比较好，表面相对较为光滑，每平方米的重量相对较重。再生纸以可回收物为原材料，经打浆、过滤、净化处理而成，韧性相对较弱，表面多为发泡或半发泡型，每平方米的重量相对较轻。

△ 纸质纯纸墙纸

△ 天然材质类纯纸墙纸

△ 胶面纯纸墙纸

△ 金属墙纸

四 金属墙纸

金属墙纸即在产品基层上涂上一层金属，质感强，可让居室产生一种华丽之感。这类墙纸的价格较高，一般为200~1500元每平方米。其中金箔墙纸是将金属通过十几道特殊工艺，捶打成薄片，然后经手工贴饰于基层表面，再经过各种印花等加工处理，最终制作完成。银箔墙纸的制作工艺与金箔墙纸相同，唯一的差别在于银金属的使用量较多。

黄金法则和常用技巧

金属墙纸若是大面积使用，会有俗气之感，很难与家具以及其他软装进行搭配，但适当点缀又会给居室带来一种前卫和炫目之感。通常用于高档酒店、办公室等一些高级场所。

其他材料

 花器材料

花器是重要的软装配饰之一，与花艺搭配使用，不仅能呈现出时尚个性，也是展现居家艺术感的重要载体。花器的种类很多，按材质分常见的有陶瓷、金属、玻璃、木质等。布置花艺时，要根据不同的场合、不同的设计目的和用途来选择合适的花器。

陶瓷花器		陶瓷花器为陶质和瓷质花器的统称，是使用历史最为悠久的花器之一，也是东方插花和西方插花都经常使用的花器。瓷器的种类多受传统影响，极少创新。相对而言，陶器的品种极为丰富，或古朴或抽象，既可作为家居陈设，又可作为插花用的器饰
金属花器		金属花器的可塑性非常出色，可以制作出各种形状，如果加上镀金、雾面或磨光的工艺处理，或者喷涂上色彩，就能呈现出各种不同的效果，其丰富性、多元性、适用性与创造性，是所有花器中最为突出的
玻璃花器		玻璃花器分为透明、磨砂和水晶刻花等几种类型。如果单纯为了插花用，选择透明或磨砂的就可以，因为观花是目的，花器只是插花用的工具。刻花的水晶玻璃本身就是艺术品，具有极强的观赏性，但价格昂贵
木质花器		木质花器颜色朴实厚实，经常被用于颜色不那么显眼的植物。木质的花器常常很有造型感，木头的纹理也很有自然美感，因此只需要少量的花材就能与木质的花器一起打造出令人感觉赏心悦目的小景观

花艺不但可以丰富装饰效果，同时作为家居空间氛围的调节剂也是一种不错的选择。有的花艺代表高贵，有的花艺代表热情，利用好不同的花艺就能创造出不同的空间情调。在居住空间中搭配花艺虽然看似简单，但其实也是一门值得探究的软装艺术，其中花艺材料的选择是重点之一。花艺材料可以分为鲜花类、干花类、仿真花、永生花等。

鲜花类		鲜花类是自然界有生命的植物材料，包括鲜花、切叶、新鲜水果。鲜花色彩亮丽，且植物本身的光合作用能够净化空气，花香味也能给人愉快的感受，充满大自然的气息，但是鲜花类保存时间短，而且成本较高
干花类		干花类是利用新鲜的植物，经过脱水工艺加工制成的可长期存放，有独特风格的花艺装饰材料。干花能保留植物的香气，与鲜花相比，能长期保存。干花缺少生命力，色泽感较差，但也因为如此，特别适合营造复古怀旧的氛围
仿真花		仿真花是使用布料、塑料、网纱等材料，模仿鲜花制作的人造花。随着技术的提高，仿真花产品的逼真程度越来越高，几乎能以假乱真，并且价格实惠，能保存持久，但还是缺乏鲜花的活力和生命力
永生花		永生花最早起源于意大利制作干花的工艺。制作时先脱水处理，去掉植物原有的液体，并进行漂白。然后浸泡在由水、色素、甘油等混合物制成的染色液中染色。在不破坏鲜花组织的状态下，可以获得自然界中不存在的花色，并且最后的产品能保存至少1年以上

木质类装饰品		木质饰品以木材为原材料，给人原始自然的感觉，例如实木相框、木雕装饰品等。在北欧风格、乡村风格以及中式中经常使用
金属类装饰品		金属饰品以金属为主要材料，具有厚重、典雅的特点。例如组合型的金属烛台、金属壁饰以及实用性与装饰性兼具的金属座钟等
陶瓷类装饰品		陶瓷类的装饰品大多制作精美，有些有极高的艺术价值和收藏价值。例如中式风格中常见的将军罐、陶瓷台灯、青花瓷摆件等，此外，陶瓷挂盘也具有很好的装饰作用
水晶类装饰品		水晶类饰品具有晶莹通透、高贵雅致的特点，例如水晶烛台、水晶地球仪、水晶台灯等，配合灯光能很好地增强感染力
树脂类装饰品		树脂可塑性好，几乎没有不能制作的造型，而且性价比高。美式风格中经常出现做旧工艺的麋鹿、小鸟等动物造型的树脂摆件
编织类装饰品		编织是人类最古老的手工艺之一，编织类的饰品主要有竹编、藤编、草编、棕编、柳编、麻编等六大类，具有朴素简洁的特点
雕刻类装饰品		雕刻类饰品是在木、石、竹、兽骨或黏土等材料上刻字画，具有极高观赏价值的同时也易保存，美观又环保

4

DESIGN

软 装 设 计
从 入 门
到 精 通

第 四 章

软装
设计
色彩
搭配

色彩入门常识

一 色彩的基本属性

1 色相

色相是色彩最基本的特征，即各类色彩的相貌称谓，是能够比较确切地表示某种颜色的名称，如紫色，绿色，黄色等。色相由原色、间色和复色构成。除了黑白灰以外的任何色彩都有色相的属性。不同亮度或者纯度的相同色相搭配在一起容易达到协调的搭配，如将深绿、嫩绿、叶绿等搭配在一起。

色相环是一种工具，用于了解色彩之间的关系。一个色相环的色彩少的有 6 种，多的有 24 种、48 种、96 种，甚至更多。一般最常见的是 12 色相环，由 12 种基本的颜色组成，每一色相间距为 30 度。色相环中首先包含的是色彩三原色，原色混合产生了二次色（间色），再用二次色混合，产生三次色（复色）。

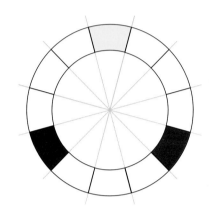

△ 三原色的分布

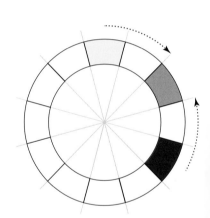

△ 二次色（间色）的构成

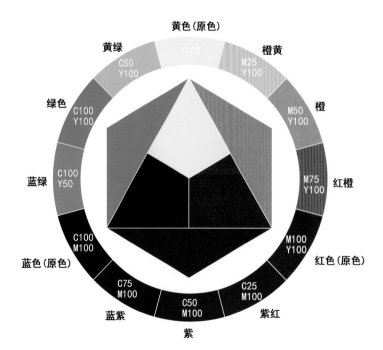

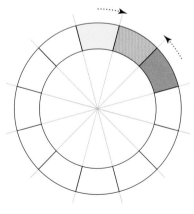

△ 三次色（复色）的构成

2 色调

色调是指色彩的浓淡、强弱程度，是色彩的总体倾向，是影响配色效果的首要因素。色彩的印象和感觉很多情况下都是由色调决定的。日本色彩研究所研制的色彩搭配体系（PCCS）将各色相分为12种色调。

可以从不同的角度区分色调，从色相分，有红色调、黄色调、绿色调、紫色调等；从色彩明度分，可以有明色调、暗色调、中间色调；从色彩的冷暖分有暖色调、冷色调、中性色调；从色彩的纯度分，可以有鲜艳的强色调和含灰的弱色调等。以上各种色调又有温和的和对比强烈的区分，例如鲜艳的纯色调、接近白色的淡色调、接近黑色的暗色调等。

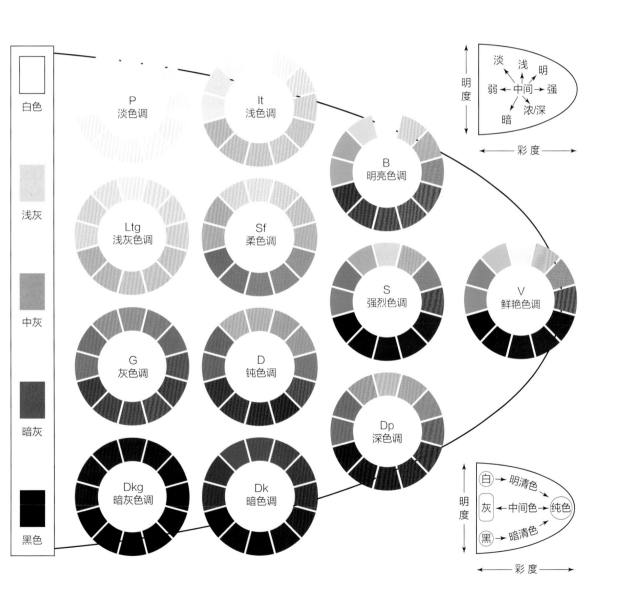

3 纯度

纯度指色彩的鲜艳程度。通常纯度越高，色彩越鲜艳。随着纯度的降低，色彩就会变得暗、淡。纯度降到最低就是失去色相，变为无彩色，也就是黑色、白色和灰色。三原色的纯度是纯度最高的色彩，在三原色中加入不同明度的无彩色或者其他的颜色，纯度就会降低。

高纯度的色彩给人的视觉感是积极、兴奋；低纯度的色彩使人感觉节制、放松。

黄金法则和常用技巧

根据色彩纯度的特征，软装设计的色彩可以分为两大类，一类是有彩色，即红、黄、蓝等；另一类是无彩色，即黑，白，灰。

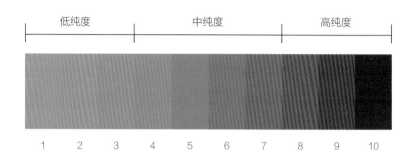

| 低纯度 | 中纯度 | 高纯度 |

1　2　3　4　5　6　7　8　9　10

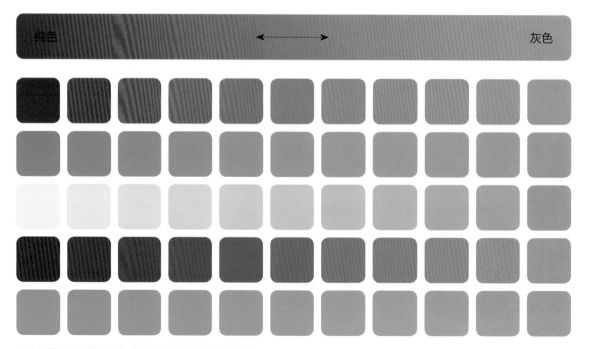

△ 左边是不含杂质的纯色，随着纯度逐渐降低后接近灰色

❹ 明度

明度是指色彩的明亮程度。在所有的颜色中，白色明度最高，黑色明度最低。可以通过加入白色提高色彩的明度，也可以通过加入黑色降低明度。不过相同的颜色，在不用强弱的光线下会有不同的明度。

从明度上来说，色彩可分为高明度色彩、中明度色彩和低明度色彩。高明度色彩给人的感觉是明亮、轻快、活泼、优雅、纯洁；中明度色彩给人的感觉是朴素、庄重、安静、刻苦、平凡；低明度色彩因全部都含有黑色，具有相同的色调，色彩间容易得到调和的效果，给人的感觉是深沉、厚重、稳定、刚毅、神秘。

△ 越往下的色彩明度越低，越往上的色彩明度越高

△ 高明度色彩

△ 中明度色彩

△ 低明度色彩

二 色彩的视觉特征

1 色彩的冷暖感

色彩的冷暖感是指色彩使人产生的冷和暖的一种主观感受。

红色、黄色、橙色以及倾向于这些颜色的色彩能够给人温暖的感觉，通常看到暖色就会联想到灯光、太阳光、火焰等，所以称这类颜色为暖色；蓝色、蓝绿色、蓝紫色会让人联想到天空、海洋、冰雪、月光等，使人感到冰凉，因此称这类颜色为冷色。无彩色总的来说属于冷色，白色为冷色，灰色、金银色为中性色，黑色则有偏暖色调的倾向。

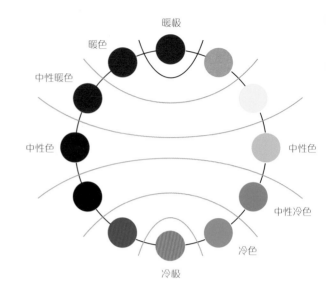

暖极
暖色
中性暖色
中性色
中性色
中性冷色
冷色
冷极

黄金法则和常用技巧

冷色调的明度越高，越偏暖，暖色调的明度越高，越偏冷。例如深紫色属于冷色，但浅浅的香芋紫色属于暖色。

△ 冷色系软装元素

△ 暖色系软装元素

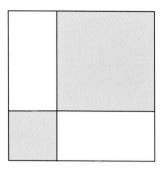

轻

重

② 色彩的轻重感

色彩的轻重感是指色彩使人感觉事物或轻或重的一种心理感受。决定轻重感的首要因素是明度，明度越低越显重，明度越高越显轻。明亮的色彩如黄色、淡蓝等给人以轻快的感觉，而黑色、深蓝色等明度低的色彩使人感到沉重。其次是纯度，在同明度、同色相条件下，纯度高的感觉轻，纯度低的感觉重。

黄金法则和常用技巧

所有色彩中，白色给人的感觉最轻，黑色给人的感觉最重。从冷暖色角度来说，暖色黄、橙、红给人的感觉轻，冷色蓝、蓝绿、蓝紫给人的感觉重。

△ 左边的明度高显得轻，右边的明度低显得重

△ 左边的暖色显得轻，右边的冷色显得重

3 色彩的软硬感

　　色相与色彩的软硬感几乎无关。色彩的软硬感主要与明度有关系，明度高的色彩给人以柔软、亲切的感觉；明度低的色彩则给人坚硬、冷漠的感觉。此外，色彩的软硬感还与纯度有关，高纯度和低明度的色彩都呈坚硬感；低纯度和高明度的色彩有柔软感，中纯度的色彩也呈柔软感，因为它们易使人联想到动物的皮毛和毛绒织物。

软

黄金法则和常用技巧

　　暖色系较软，冷色系较硬。在无彩色中，黑色与白色给人以较硬的感觉，而灰色则较柔软。进行软装设计时，可利用色彩的软硬感来创造舒适宜人的色调。

硬

△ 都是绿色，左边明度低的显得坚硬，右边明度高的椅子显得柔软

△ 相比于右边的黑色，左边的灰色显得更为柔软

4 色彩的缩扩感

色彩的缩扩感是指不同色彩相同大小物体看上去的会有不同的大小。色彩的缩扩感不仅与其颜色的色相有关,明度也是一个重要因素。暖色系中明度高的颜色为膨胀色,可以使物体看起来比实际大;而冷色系中明度较低的颜色为收缩色,可以使物体看起来比实际小。像藏青色这种明度低的颜色就是收缩色,因而藏青色的物体看起来就比实际小一些。明度为零的黑色更是收缩色的代表。

暖色 – 膨胀

暖色 – 收缩

纯度高 – 膨胀

纯度低 – 收缩

明度高 – 膨胀

明度低 – 收缩

黄金法则和常用技巧

粉红色等暖色的沙发看起来很占空间,会使小房间显得狭窄、有压迫感。而黑色的沙发看上去要小一些,让人感觉剩余的空间较大。

△ 暖色系中明度高的颜色为膨胀色,可以使物体看起来比实际大

△ 冷色系中明度较低的颜色为收缩色,可以使物体看起来比实际小

△ 在小户型空间中,选择收缩色的沙发可让空间显得宽敞

❺ 色彩的进退感

同一背景和物体只改变色彩，不同的色彩有的色彩给人有突出向前的感觉，有的则给人后退深远的感觉。

色彩的进退感多是由色相和明度决定的，活跃的色彩有前进感。因此，暖色、高明度色有前进感，冷色、低明度色有后退感。

黄金法则和常用技巧

在室内装饰中，利用色彩的进退感可以从视觉上改善房间户型缺陷。如果空间空旷，可采用前进色处理墙面；如果空间狭窄，可采用后退色处理墙面。

△ 黄色等暖色系的墙面在视觉上具有前进感

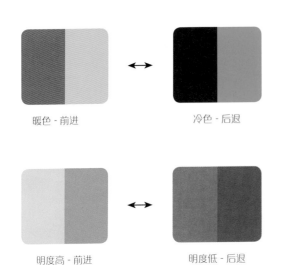

暖色 - 前进 　　　　 冷色 - 后退

明度高 - 前进 　　　　 明度低 - 后退

△ 蓝色等冷色系墙面在视觉上会有后退感

三 色彩主次关系

❶ 背景色

　　背景色常指室内墙面、地面、吊顶、门窗等的色彩。就软装设计而言主要指墙面、地面的色彩，有时也可以是家具、布艺等一些大面积色彩。背景色由于其绝对的面积优势，支配着整个空间的效果。因为在视线的水平方向上，墙面的面积最大，所以在空间的背景色中，以墙面的颜色对效果的影响最大。

　　一个物体的色彩是不是背景色并非是固定的。例如：在硬装上，墙面的色彩就是背景色；而在软装上，家具就从主体色变成了背景色来衬托陈列在家具上的饰品，形成局部背景色。

　　根据色彩面积的原理，多数情况下，空间背景色多为低纯度的沉静色彩，形成易于协调的背景。

△ 墙面作为家具在水平线上的主要背景，其色彩对空间效果的影响最大

△ 相对于陈列在柜子上的装饰品而言，柜子就成为背景色，起到衬托作用

2 主体色

主体色是室内色彩的主旋律。

主体色主要是由大型家具、大型室内陈设、布艺织物所形成的中等面积的色块。主体色在室内空间中具有重要的作用，通常形成空间中的视觉中心；同时也是构成室内设计风格的关键。主体色与背景色成为控制室内总体效果的主导色彩。在空间环境中，主体色需要被恰当地突显，才能在视觉上形成焦点，让人产生安心感。

黄金法则和常用技巧

通常在小房间中，主体色宜与背景色相似，整体协调、稳重，并能使空间看上去显得更大一点。若是大房间中，则可选用与背景色或配角色呈对比的色彩，产生鲜明、生动的效果，以改善大房间的空旷感。

△ 主体色和背景色呈对比关系，整体显得富有活力

△ 对于客厅而言，沙发的颜色就是空间中的主体色

△ 主体色与背景色相协调，整体显得优雅大方

126

❸ 衬托色

　　衬托色在视觉上的面积和重要性次于主体色，分布于小沙发、椅子、茶几、边几、床头柜等主要家具附近的小家具。

△ 作为衬托色的软装元素

△ 衬托色与主体色均为中性色，整体的搭配显得极为雅致

△ 作为衬托色的单椅和作为主体色的沙发之间形成色彩对比，制造出活力感

④ 点缀色

点缀色是室内环境中最灵活的小面积色彩，通常出现在花艺、灯饰、靠枕、摆饰或壁饰上。点缀色一般会选择高纯度的空间整体色调的对比色，用来形成空间中灵动的视觉效果。虽然点缀色的面积不大，却在空间里具有很强的表现力。

需要注意的是，不要为了丰富色彩而选用过多的点缀色，这会使室内显得零碎混乱，应在整体色彩协调的前提下适当地点缀，起到画龙点睛的作用。

黄金法则和常用技巧

点缀色具有醒目、跳跃的特点，在实际运用中，点缀色的位置要恰当，避免画蛇添足，在面积上要恰到好处，面积太大会破坏整体色调，面积太小则容易被周围的色彩同化而不能起到作用。因此，高纯度和小面积是点缀色的两个特点。

△ 小面积和高纯度是点缀色的两个特点

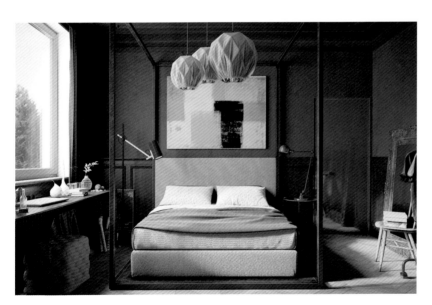

△ 深色卧室空间中，通过装饰画上的一抹明黄色活跃氛围

△ 作为点缀色的软装元素

四 色彩搭配原则

❶ 空间配色比例

　　学配色，必须先了解配色比例。家居色彩黄金比例为 60：30：10，其中 60% 为背景色，包括基本墙面、地面、顶面的颜色，30% 为辅助色，包括家具、布艺等颜色，10% 为点缀色，包括装饰品的颜色等，这种搭配比例可以使家中的色彩丰富，但又不显得杂乱，主次分明，主题突出。

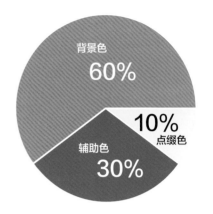

△ 配色黄金比例——
　背景色：辅助色：点缀色 =6:3:1

® 乐尚设计

背景色	墙面、地毯	60%		灰白、黑褐色、浅灰色
辅助色	家具	30%		霜色、深蓝灰、黑褐色
点缀色	装饰摆件	10%		浅金色、橙色

△ 色彩比例

❷ 空间色彩数量

空间中色彩的数量会影响到装饰效果，通常分为少色数型和多色数型。三色及三色以内是少色数型，三色以上是多色数型，要注意的是这里的色指的是色相，例如深红和暗红可以视为一种色相，同属于一色。另外空间相连的功能区视为同一空间，比如客厅和餐厅是连在一起的，就是同一空间。

白色、黑色、灰色、金色、银色不计入色彩数量。但金色和银色一般不能同时存在，在同一空间只能使用其中一种。

图案类以其整体呈现的色彩为准。例如一块花布有多种颜色，专业上以主要呈现色为准。判断呈现色的办法是眯着眼睛看到的主要色调。但如果一个大型图案中有多个明显的大面积色块，就得视为多种颜色。

△ 图案中两种颜色的占比都很大，可视作是 2 种颜色

& 木君建筑设计

△ 少色数型的搭配显得和谐且简洁干练

& 杜文彪设计

△ 墙面图案所呈现的色调与床品以及书桌椅形成呼应关系

虽然在室内装饰中常常会强调，同一空间中最好不要超过3种颜色，色彩搭配不协调容易让人产生不舒服的感觉。但这显然无法满足一部分个性达人的需要，所以多色数型的空间配色方案也越来越多。多色数型的色彩数量不受限制，可自由使用，呈现出自由奔放的舒畅感，远离了实用性、都市味的感觉，更强调个性和自由。在多色数型配色时，不管是什么色调，都会充满开放感和轻松的气氛。即使是浊色调的，或是与黑色组合在一起，也不会失去开放感。

黄金法则和常用技巧

多色数型配色较难掌握，想要玩转多色数型配色，秘诀在于掌握好过渡色。两种颜色对比非常强烈时通常需要一个过渡色，例如嫩嫩的草绿色和明亮的橙色在一起会很突兀，可以选择鹅黄色作为过渡。蓝色和玫红色放到一起跳跃感太明显，可以加入紫色来牵线搭桥。

△ 多色数型空间呈现自由奔放的舒畅感

学习色彩设计可以从大自然、摄影作品、电影画面、服饰配饰和家居软装杂志上获得灵感来源，就像绘画创作需要去生活中采风。另外，每年世界权威色彩机构潘通（Pantone）都会发布流行色的趋势。它对于色彩搭配的指导性建议，不仅受到时尚领域的重视，软装设计界也会广泛运用，多关注这方面信息对学习配色有帮助

大自然中蕴藏着丰富的色彩，植物、动物、山石、树木、花卉等自然风光的色彩千变万化，可视为天然的色彩宝库，只要认真地加以观察、分析、研究，就很容易把色彩运用到设计中来。

△ 将大海的颜色应用到卧室空间中

△ 从自然界中获取色彩灵感

优秀的绘画作品中的色彩更是对大自然中的色彩的提取、浓缩和升华。从优秀的绘画作品中采集色彩，是更直接、更容易、更有效的方式，如塞尚、梵高、马蒂斯、毕加索等艺术大师的作品，都是非常好的参考资料。

△ 法国后期印象画派的代表人物保罗·塞尚的作品
《埃斯泰克的海湾》

△ 荷兰画家文森特·梵高的作品
《花瓶里的三朵向日葵》

在不同的时期有不同的流行色彩，具有极强的时代气息，运用时代的流行色能设计出具有时代感和富有创意的服装。所以获得软装色彩搭配灵感的另一个途径是通过时装周把握当年色彩的流行趋势以及当年或者下一年整体设计元素的走向。时装周中走秀舞台的设计、模特的服装、服装上的刺绣花纹、模特妆容和头饰，都是色彩灵感的来源。

△ 从时装设计中获取色彩灵感

4 材质对色彩印象的影响

　　家居空间常用材质一般分为自然材质和人工材质。自然材质的色彩细致、丰富，多数具有朴素淡雅的格调，但缺乏艳丽的色彩，通常适用于清新风格、乡村风格等，能给空间带来质朴自然的氛围。人工材质的色彩虽然较单薄，但可选色彩范围较广，无论素雅或鲜艳，均可得到满足，适用于大多数软装风格。

　　材质本身的色彩、花纹及表面质感称为肌理。肌理紧密、细腻的效果会使色彩较为鲜明；反之，肌理粗犷、疏松会使色彩黯淡。有时采用不同的肌理也会影响同种色彩的视觉效果。同样是木质家具使用的清漆工艺，色彩一样，光亮漆的色彩就要比亚光漆来得鲜艳、清晰。

△ 人工材质的色彩范围较广

△ 自然材质的色彩能给空间带来质朴自然的氛围

红色的应用

不同明度、纯度的红色用在软装设计上会产生不同的心理效应，如大红热情向上，深红质朴稳重，紫红温雅柔和，桃红艳丽明亮，玫瑰红鲜艳华丽，葡萄酒红深沉幽雅，尤其是粉洋红给人以健康、梦幻、幸福、羞涩的感觉，富有浪漫情调。

红色在可见光谱中光波最长，所以最为醒目，很容易引起人们的注意。不同国家，红色代表的含义也不相同。例如在中国，红色象征着繁荣、昌盛、幸福和喜庆，在婚礼上和春节等节日都喜欢用红色来装饰。

配色灵感

大红色艳丽明媚，容易形成喜悦的氛围，在中式风格中经常被采用。但是居室内红色如果太多容易让人产生头晕目眩的感觉，即使是婚房，也不能长时间处于红色的主调下。建议在软装配饰上使用红色，比如窗帘、床品、靠包等。

黄金法则和常用技巧

红色还是能很好地刺激食欲的色彩，用在餐厨空间的装饰上相当合适，这也是很多餐厅选用红色作为背景色的原因。在软装设计中，可以在厨房中使用米白色的墙面搭配红色百叶窗或红色橱柜。

△ 红色在传统文化中象征富贵与喜庆，所以在中式风格空间中应用很广

△ 红色墙面与金色软装元素的组合传达出低调奢华的气息

△ 红黑色的搭配给人热情与冷静完美融合的视觉感受

二 粉色的应用

粉红色是几乎专属女性的颜色，获得许多女性的喜爱。粉色由红色和白色混合而成，常见的有浅粉、桃粉色、亮粉色、荧光粉、桃粉色、桃红色、柔粉色、嫩粉色、蔷薇色、西瓜粉、胭脂粉、肉色、玫瑰粉等。

粉色通常是浪漫主义和女性气质的代名词，具有唯美的梦幻感。每一位女性都渴望拥有一间充分体现自我个性的卧室，用粉色装扮是很好的选择。

配色灵感

粉色一直是时尚家居中不可缺少的元素，适度搭配应用不仅不会过于女性化，还能让家更温馨舒适。几盏粉色的灯饰、一把粉色的椅子、一幅粉色的装饰画，在软装细节中用粉色作为点缀，可以让人感受到居住者的巧思和对时尚色彩的敏感度。

粉色不仅是代表浪漫与柔美的色彩，而且还能营造梦幻童真的气氛。因此，在女孩房中经常可以看见粉色的搭配运用。例如在软装布置时，把卧室的床单换成柔和的粉色，然后再选用同色的布艺枕头以及有粉色印花的窗帘，在白色墙面的衬托下，显得十分清新活泼。

粉色运用得不好容易显得俗气，想要得到具有高级感的粉色，很大程度上取决于对色调和材质的把控。相对来说，大面积使用时，浅淡色调的、低纯度的粉色更容易表现出高级感，而高纯度的鲜亮粉色作为小面积的点缀色能瞬间点亮空间。另外使用不同的材质的粉色可以达到戏剧性的视觉效果，为硬朗的室内增加轻柔气质，例如粉色的透明亚力克、毛茸茸的人工皮草等。

△ 在软装中适度搭配粉色，表现女性的柔美与浪漫

△ 呈现高级感的粉色可给房间增加时尚的气质

△ 小女生的房间适合运用粉色营造梦幻的气氛

三　橙色的应用

橙色是介于红色和黄色之间的混合色，又称橘黄或橘色。橙色是一种欢快活泼的光辉色彩，是最温暖的颜色。橙色稍稍混入黑色或白色，会成为一种稳重、含蓄又明快的暖色，但混入较多的黑色后，就成为一种烧焦的颜色，橙色中加入较多的白色会带有一种甜腻的味道。常见的有甜橙色、浅橙色、浅赭色、赭黄色、橘黄色、甜瓜橙、橙灰色、朱砂橙色等。

橙色比红色要柔和、低调一些，但亮橙色仍然富有刺激和兴奋特性，同时，中等色调的橙色类似于泥土的颜色，所以也经常用来创造自然的氛围。橙色基本没有消极的文化象征性和感情上的联想，是所有颜色中最为明亮和鲜艳的，给人以年轻活泼、健康生机的感觉，是一种极佳的点缀色。

配色灵感

不同的橙色会给人不同的印象。有富于年轻感的鲜明的橙色，也有具有复古感的偏褐色的橙色。如果想要强调橙色积极性的一面，可以选择泛黄色的橙色或者不太深的褐色。

在室内设计中，橙色用在卧室不容易使人安静下来，不利于睡眠，但将橙色用在客厅则能营造欢快的气氛。同时，橙色有诱发食欲的作用，所以也是餐厅的理想色彩。但因橙色用的面积过多容易产生视觉疲劳，所以最好只作点缀使用。比如，餐厅的一面墙刷成橙色，和另外几面白墙相得益彰；也可在餐桌上置放一两件橙色饰物点亮空间；或窗帘使用橙色的，让居室每天都充满阳光。

△ 橙色和蓝色进行搭配表现出显著的对比效果，在时尚风格家居中应用广泛

△ 如果在卧室中大面积使用橙色，应降低其纯度与明度

黄色是三原色之一，在色相环上是明度级最高的色彩，给人轻快、充满希望和活力的感觉。黄色在众多的颜色中异常醒目，它光芒四射，轻盈明快，生机勃勃，具有温暖、愉悦、提神的效果。常见的黄色有柠檬黄色、淡黄色、秋色、黄栌色、沙黄色、琥珀黄、米黄色、咖喱黄、藤黄、汉莎黄、芥末黄、蜂蜜黄、印度黄等。

黄色系具有优良的反光性质，能有效地使昏暗的房间显得明亮。中国人对黄色特别偏爱，因黄色与黄金同色，被视为富贵、吉利、喜庆、丰收的色彩。在很多艺术作品中，黄色都用来表现喜庆的气氛和富饶的景色。

配色灵感

淡黄色相对于鲜黄色而言更容易给人内敛又快乐的感受，浅黄搭配碎花具有田园家居风情；深黄色和金黄色有时很有古韵感，当需要营造一种永恒的感觉时可以使用；当黄色与黑色搭配在一起，十分吸引人的注意力。

黄色没有太明显的性别性，而且能让空间显得十分温暖。如果不喜欢大面积的亮黄色，也可以在家具上运用黄色，比如衣柜、书桌等，这些装饰元素同样非常引人注目。

黄金法则和常用技巧

孩子的注意力很容易被鲜艳色彩吸引，黄色可以给他们带来很奇妙的感觉，因此越来越多地应用在儿童房的色彩搭配。

△ 黄色的墙面给人欢快感与愉悦感

△ 在空间中点缀高明度和高纯度的黄色就可以让空间变得鲜活起来

△ 鹅黄色墙面与白色家具是田园风格空间中最常见的搭配方案

五 绿色的应用

绿色是植物的颜色，生机盎然、清新宁静，是生命力量和自然力量的象征。绿色令人平静、放松，身心得到休息。绿色是由蓝色和黄色对半混合而成，既具有蓝色的宁静，也具有黄色的活泼，是一种和谐的颜色。常见的绿色有苹果绿、军绿色、橄榄绿、宝石绿、冷杉绿、水绿、孔雀绿、草绿、薄荷绿、竹青色、葱绿、碧色、森林绿等。

绿色虽然是和谐的颜色，但在家居配色中却是最难搭配的颜色之一。搭配得好，会让家居清爽生动、青春活泼，营造出非常浓郁的大自然的清新感觉，要是搭配得不好，很容易使整体配色变得混乱。

黄金法则和常用技巧

家居设计中应用绿色的秘诀是，远离明亮的粉色调，选择让人联想到丛林树叶的深色调，通常较深的绿色适合搭配更多的软装。此外，因为绿色给人的感觉偏冷，所以一般不适合在家居中大量使用。且当绿色接近黄色阶时就会开始趋于暖色的感觉。

配色灵感

绿色调预示着生长与和谐，是客厅空间完美的墙面颜色。办公区域使用绿色可以使人集中精力，提高工作效率。

使用绿植是制造绿色最常用的手段，另外，也可以把局部的墙面刷成绿色，并要注意面积的把握。绿色对保护视力有积极的作用，因此可以在儿童房的视觉重要的墙面或窗帘、床罩等处选择绿色，而且绿色的纯度可以比较高。

△ 绿色墙面与暖色系软装的搭配营造出充满活泼感的氛围

△ 绿色是表现清新感的最佳色彩，适合搭配藤麻等天然材质

△ 低纯度与明度的大面积深绿色点缀金色，非常漂亮

蓝色是色相环上最冷的色彩，与红色互为对比色。蓝色非常纯净，表现出美丽、冷静、理智、安详与广阔的感觉。蓝色的种类繁多，每一种蓝色又代表着不同的含义。常见的有靛蓝、蓝紫色、中国蓝、牛仔蓝、海军蓝、孔雀蓝、普鲁士蓝、普蓝、钴蓝、天蓝、水蓝、婴儿蓝、静谧蓝、克莱因蓝、柏林蓝、宝石蓝等。

蓝色使人自然地联想起宽广清澄的天空和深沉宽广的海洋，所以会使人产生爽朗、开阔、清凉的感觉。作为冷色的代表颜色，蓝色会给人很强烈的稳定感，使人们联想到冰川上的蓝色投影。同时蓝色还能够表现出和平、淡雅、洁净、可靠等多种感觉。

配色灵感

在厨房、书房或卧室中都可以用蓝色为主色调，但蓝色会让人觉得过分冷漠，需要加点对比的暖色点缀。此外，高纯度的亮蓝色应用在家具或是饰品上作为点缀色，可以迅速打破视觉上的单调乏味，使整个空间生动起来。其中宝石蓝色调亮丽，是最为适合的点缀色之一。

作为经典色的代表，蓝色也是软装设计中常用的色彩。无论何种色调的蓝色都赋予家居迷人的风采。低纯度的蓝色主要用于营造安稳、可靠的氛围，会给人一种现代化的都市印象；而高纯度的蓝色可以营造出高级、愉悦的氛围，给人一种整洁轻快的印象。

△ 高纯度的蓝色给人一种整洁轻快的印象

△ 宝蓝色的布艺坐凳除了实用功能外，也起到很好的点缀作用

△ 低纯度与低明度的蓝色给人一种都市化的印象

紫色是可见光中波长最短的光。它是由温暖的红色和冷静的蓝色混合而成，是极佳的刺激色。常见的紫色有紫晶色、茄子色、淡紫色、蓝紫色、深紫色、欧石南蓝、风铃草紫、青莲、紫红、薰衣草紫等。

紫色是一种高贵、精致、神秘的颜色，且带有一分忧郁，一直以来，紫色都代表高贵、浪漫、亲密、奢华、神秘、幸运、贵族、华贵等。在西方，紫色代表尊贵，是贵族爱用的颜色，在基督教中，紫色代表至高无上和来自圣灵的力量。

配色灵感

紫色是软装设计中的经典颜色，最适合营造浪漫的氛围，是追求时尚的居住者最推崇的颜色。甚至只需要一点点紫色的点缀，都会让空间呈现不一样的氛围。但大面积的紫色会使空间整体色调变深，产生压抑感。建议不要在空间中大面积使用，如果真的很喜欢，可以在局部作为装饰亮点，比如卧房的一角、卫浴间的帷帘等小地方。

△ 紫色在灰调空间中起到点缀的作用，给极富都市感的房间添加亮色和温情

黄金法则和常用技巧

用紫色来表现优雅、高贵等积极印象时，要特别注意纯度的把握。低纯度的暗紫色比高纯度的亮紫色更能传达积极的印象。通常暗紫色常用在卧室，使它们看起来更有静谧感；浅紫色调可以用在需要营造活泼氛围的领域，如起居室和儿童房等。

△ 大面积的深紫红色给人以神秘的视觉感，给房间增加复古怀旧的氛围

八 米色的应用

米色是比浅黄略白的颜色，是一种黄色系的颜色，也可以分在橙色系。自然界有很多米色物质存在，是属于大自然颜色，一般而言，麻布的颜色就是米色。常见的有浅米色、米白色、奶茶色、奶油色、牙色、驼色、浅咖色等。

米色系和灰色系一样百搭，但灰色偏冷，米色则偏暖。米色相比白色，更加含蓄、内敛、温柔和沉稳，并且显得时尚大气。米色系中的米白、米黄、驼色、浅咖色都是十分优雅的颜色。女性对米色更为偏爱，这个色系的女装很多，可以展现女性优雅浪漫、柔情可爱的一面。

配色灵感

149

在寒冷的冬日里，除了花团锦簇可以带来盎然春意，还有一种颜色拥有驱赶寒意的巨大能量，那就是米色。当米色应用在卧室墙面的时候，搭配繁花图案的床上用品，让人感觉就像沐浴在春日阳光里一般明媚。即便是一块米色的毛皮地毯，都能让室内顿时暖意洋洋。

△ 原木色墙面营造的日式家居氛围充满禅意

黄金法则和常用技巧

米色属于相对中性的颜色，在空间中的使用范围很广。假如空间以米色为主体，可以增加点缀色的明度及纯度，以增加空间的节奏感和张力。有时米色并非作为主体使用，在其他色系的空间中加入米色，可以让空间多些温暖和柔情。

△ 米色系与充足的采光是绝配，给会客厅带来放松和舒适的感觉

△ 米色的墙面让人感官舒适，表现出空间优雅、大方的品质

九 棕色的应用

棕色是介于红色和黄色之间的颜色，通常是由橙色和黑色混合而成。常见的有琥珀色、沙色、乳酪色、可可色、灰褐色、红褐色、赭石色、浅棕色、咖啡色、硬陶土色、巧克力色、栗子色、胡桃木色等。

棕色属于中性暖色色调，是具有稳定感与保护感的颜色，不与容易与其他颜色发生冲突。它不同于黄金色调容易流于俗气，也不同于白色调容易流于单调和平庸。因与土地颜色相近，棕色在典雅中蕴含安定、朴实、沉静、平和、亲切等意象，给人情绪稳定、容易相处的感觉。在服装设计界，棕色是一种不会过时的流行时尚色彩。

配色灵感

棕色是最容易搭配的颜色之一，它可以吸收任何颜色的光线，是一种安逸祥和的颜色。棕色可以放心运用在家居中，可以营造巴黎街头的简约时尚感，可以营造新中式的韵味，也可以营造美式田园的稳重气息。

不同明度的棕色搭配能够营造空间的层次感，可以点缀一些金属色提升华丽质感。另外，奶茶色、米色、深灰色、白色也都是棕色的最佳搭配色。

△ 作为家居常用色之一，棕色系的空间总能给人沉稳舒适的感觉

△ 包含自然风情的棕色是美式乡村风格墙面的常用色彩之一

黄金法则和常用技巧

棕色是打造沉稳气质家居空间的最好选择，沉稳又不失高雅的格调。在很多样板房设计中，通常使用质感高级的棕色木质材料或墙纸，打造宁静、平和、亲切感的氛围。

△ 棕色墙面能打造出新中式空间沉稳大方的气质

十 黑色的应用

黑色是一种具有多种文化意义的颜色，它和白色的搭配，永远都不会过时，一直都是时尚界最爱的色彩搭配之一。常见的有乌黑、午夜黑、多米诺黑、金刚石黑、漆黑、烟黑等。

黑色具有高贵、稳重、科技的感觉，许多科技产品的用色，如电视、跑车、摄影机、音响、仪器的色彩大多采用黑色。生活用品和服饰设计大多利用黑色来塑造高贵的形象。

因为黑色本质的单纯，所以最适合打造崇尚简约的现代风格。作为最纯粹的色彩之一，它具备的强烈的抽象表现力超越了任何色彩，也许这正是它广受追捧的原因。

配色灵感

黑色没有其他色彩的万千变化，却有着与生俱来的低调和优雅，是室内设计中最基本的色彩元素。黑色是几乎所有颜色的好搭档，可以与不同颜色搭配出不同的气质，并且可以让其他颜色看起来更加亮丽。

软装设计一般不能大面积使用黑色，只能作为局部点缀使用。黑色能够让任何其他色彩看起来干净，但它本身并不是重点，它所起的作用是给空间营造对比平衡。

很多现代简约风格都会使用黑色，但是要注意灵活巧妙地运用，而不是随意地添加太多的黑色。把黑色少量地用于环境的局部，可以是一把椅子，一个花瓶，或者音响、电视等电器设备，作为点缀，可带来很好的装饰效果。

△ 红色的艳丽热烈，搭配黑色的深沉稳重，相互中和，融为一体

△ 黑白色组合是表现现代简约风格的经典配色方案

△ 黑色家具搭配暗色系墙面，可以表现出低调奢华的气质

十一 白色的应用

　　白色的明度最高。在绘画中，可以用白色颜料描绘白色。白色和黑色混合可以得到灰色，和其他颜色混合可以让这种颜色的色相减弱，明度提高。常见的白色有纯白、象牙白、奶油白、瓷器白、蜡白色、乳白、象牙白、珍珠白、葱白、铝白、玉白、鱼肚白、草白、灰白等。

　　白色给人洁白无瑕的视觉感受，让人觉得宁静、单纯。在室内设计中白色通常都作为中立的背景，传达简洁的理念。极简风格的设计中，白色用得最多。在商业设计中，白色具有高级、科技的印象，通常需和其他色彩搭配使用。

配色灵感

白色是和谐的万能色，如果同一个空间里各种颜色都很抢眼，可以加入白色进行调和。白色可以让所有颜色都冷静下来，从而弱化凌乱感。同时白色可以提高亮度，让空间显得更加宽敞。

在装饰过程中，白色的墙面和顶面是最不容易出错的选择，可以给色彩搭配奠定发挥的基础。如果墙面、顶面、沙发、窗帘等选择较为丰富的颜色，那么家具选择白色，也同样能起到调和的效果。白色家具还能够让人产生空间开阔的感觉。

白色是万能色，能调和其他色彩，提高空间的亮度，还能使空间变得宽敞。

△ 黑白灰的配色方案展现低调的简约美

& 潘自立设计

△ 大面积的留白使空间展现出淡淡的禅意

△ 白色墙面同样可以作为轻奢风格的背景

十二 灰色的应用

灰色是无彩色，是介于黑和白之间的一系列颜色，可以大致分为深灰色和浅灰色。灰色比白色深，比黑色浅，比银色暗淡，常见的有浅灰、中灰、深灰、玛瑙灰、铝灰、沥青灰、玄武岩灰、混凝土灰、水晶灰、烟灰、雾灰、佩恩灰等。

灰色是一种稳重的色彩，象征理性和智慧，又具有柔和、高雅的意象。灰色属于中间色，男女皆能接受，所以灰色也是永远流行的颜色。灰色让人联想起冰冷的金属质感和上个时代的工业气息，它有着岩石般的坚硬外壳，又是最能与自然相融合的保护色。

配色灵感

灰色也是非常理想的背景色，并且它不像黑色与白色那样会明显影响其他的色彩，任何色彩都可以和灰色相搭配。没有色彩倾向的灰色常常只作为局部配色以及调和色使用，带有一定色彩倾向的灰色则常常被大量用来作为空间的主色调，给人细腻、含蓄、稳重、精致、有素养的高级感。

近年来，高级灰迅速走红，深受人们的喜欢，在软装设计中同样被极为推崇。

通常所说的高级灰并不是简单的几个特定颜色，而是指一组色所形成的和谐的色彩关系。有些灰色单拿出来并不是显得那么好看，但是当它与其他颜色组合在一起，就能产生特殊的氛围。

△ 灰色墙面为工业风格空间增添理性的美感

△ 灰色的墙面作为背景，更好地衬托出软装家具的主体地位

△ 灰色墙面与紫色绒布家具构成轻奢风格空间的主角

色彩搭配方案

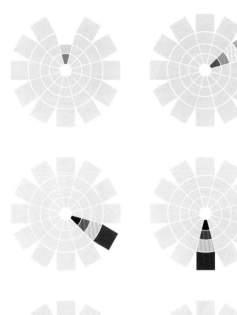

一 单色配色

　　单色配色是指将不同纯度和明度的同种色相组合搭配在一起，例如青配天蓝，墨绿配浅绿，咖啡配米色，深红配浅红等，这色彩搭配具有秩序感和韵律感。在室内装饰中，单色配色是易于掌握、较为常见的配色方法。

黄金法则和常用技巧

　　同色系中的深浅变化很容易打造出空间层次，容易让空间整体达到和谐一致的美感。但要注意单色搭配时，色彩之间的明度差异要适当，相差太小，太接近的色调容易相互混淆，缺乏层次感；相差太大，对比太强烈的色调会造成整体的不协调。

△ 单色配色方案

△ 单色配色方案

二 跳色配色

跳色配色是指在色相环中相隔一个颜色的两个颜色组成的色彩搭配方案。相比单色配色方案，跳色更显活泼。

想营造一个色彩关系简单和谐，但又不那么单调，而是比较活泼的空间，跳色方案是一个很好的选择。

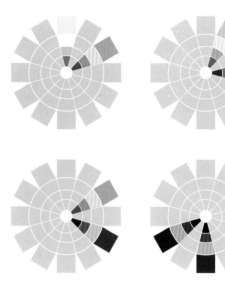

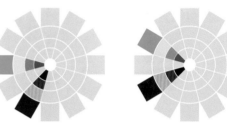

黄金法则和常用技巧

跳色配色比单色配色有更多的可变化性，在色彩的冷暖上也可以营造更丰富的体验。又因为两者色相中往往共享位于两者中间的颜色，所以两者搭配在一起也会非常和谐。比如黄色和绿色搭配就十分和谐，因为绿色中含有黄色，又比如蓝紫色和红紫色，两者共享紫色。

△ 跳色搭配方案

△ 跳色搭配方案

三 邻近色配色

邻近色配色是指色相环中三个色彩构建而成的色彩组合，能让空间呈现多层次且协调的视觉感。如黄色、黄绿色和绿色，虽然它们色相上有差别，但在视觉上却比较接近。

邻近色配色能让空间呈现协调且层次丰富的视觉感。搭配时可以使两种颜色在纯度和明度有所区别，在和谐的基础上获得变化。

黄金法则和常用技巧

一般来讲，邻近色之间有着共用的颜色基因，如果想要实现色彩丰富又具有整体感的配色，邻近色配色是一个好选择。搭配时通常以一种颜色为主，另几种颜色为辅。

△ 邻近色配色方案

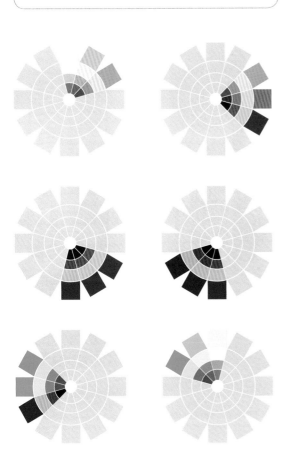

△ 邻近色配色方案

四 对比色配色

对比色是两种可以明显区分的色彩，在 24 色相环上相距 120 度到 180 度之间。三原色互为对比色，如红与蓝、红与黄、蓝与黄；三个二次色互为对比色，如紫色与橙色，橙色与绿色，绿色与紫色。

在软装设计中，想要表达开放、有力、自信、坚决、活力、动感、年轻、刺激、饱满、华美、明朗、醒目之类的空间设计主题，可以运用对比色配色。

黄金法则和常用技巧

对比配色的实质就是冷色与暖色的对比，在同一空间，对比色能制造富有视觉冲击力的效果，让房间个性更明朗。

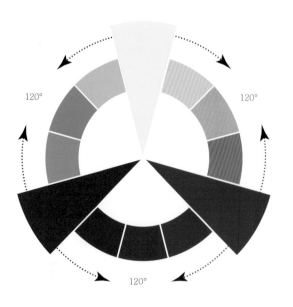

△ 红与蓝的对比色配色方案

△ 黄与蓝的对比色配色方案

五　中性色配色

中性色是介于冷暖色之间的颜色,不属于冷色调,也不属于暖色调,主要用于调和色彩搭配,或突出其他颜色。中性色的色彩也很丰富,有乳白色、白色等浅色色调,也有巧克力色、炭色等深色色调。其中黑白灰最常用的三大中性色,能与任何色彩搭配。

△ 中性色配色方案

黄金法则和常用技巧

中性色是多种色彩的组合,并非使用一种中性色,并且需要通过不同深浅色的对比营造空间的层次感;同时在中性色空间的软装搭配中,应巧妙利用布艺织物的纹理与图案创造设计的丰富性。

△ 中性色配色方案

六　互补色配色

互补色是指处于色相环直径两端的一组颜色组成的配色方案，例如红和绿、蓝和橙、黄和紫等。互补色配色很容易实现冷暖平衡，因为每组都由一个冷色和暖色组成，也容易形成色彩张力，激发人的好奇心，吸引人的注意力。

互补色比对比色的视觉效果更加强烈和刺激。不过在这种配色方案中要适当调整其中一个色彩的明度和纯度，以免造成对比过于强烈。如用亮红搭配灰绿。

互补色的运用需要较高的配色技能，一般可通过面积大小、纯度、亮度的调和来达到和谐的效果，使其表现出特殊的视觉对比和平衡效果。

△　互补色配色方案

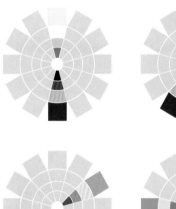

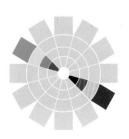

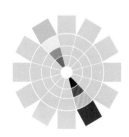

△　互补色配色方案

配色人群分析

一 男孩房配色

儿童房的色彩搭配应以明亮、轻松、愉悦为主，在孩子们的眼中，并没有什么流行色彩，只要是反差比较大、浓烈、鲜艳的纯色都能够吸引他们的兴趣。因此，不妨在墙面、家具、饰品上，多运用对比色以营造欢乐童趣的气氛。

婴幼儿时期可以选择鲜艳的色彩，鲜艳的颜色可以促进婴儿大脑的发育。到了活泼好动的年纪，男孩的房间可以选择常规的绿色系、蓝色系配色。

蓝白色系的搭配是最常用的男孩房配色。可以选择浅湖蓝色、粉蓝色、水蓝色等浅蓝色系或者宝石蓝等深色调的蓝色与白色进行搭配，给男孩房营造含蓄内敛的气质。此外，还可以利用具有鲜明色彩的玩具、书籍等元素和蓝白色系的空间基调形成一定的视觉对比，营造更为丰富的装饰效果。

黄金法则和常用技巧

男孩房房间可以用鲜亮的颜色制造活泼的视觉张力。用低纯度的冷色与高明度暖色形成对比，或者利用无色系搭配少量高纯度色彩，是常见的配色手法。

△ 蓝白色是男孩房常见的配色方案之一

△ 黑白色搭配的同时局部加入高纯度的点缀色

二 女孩房配色

通常来说，用暖色系装饰女孩房非常符合其性格特征，如粉色、红色及中性的紫色等色彩。

绿色是非常中性的颜色，装点儿童房可以增加自然感。使用时可以搭配白色和少量黄色，令整体氛围欢快而又充满自然感。

在这片粉色的海洋中，可以适当地加入绿色作为点缀色，能营造出"粉色娇媚如花，绿色青翠如树"的空间氛围，让人仿佛进入爱丽丝的仙境中。

&. 千寻软装设计

△ 浪漫主题的女孩房可考虑以粉紫色作为主体色

黄金法则和常用技巧

粉色系是女孩们的最爱，在女孩房中搭配粉色系的窗帘、床品以及装饰品，能让整体空间显得清新浪漫。

&. 于计设计

△ 绿色与白色、粉色的搭配增加活泼感和自然感

△ 粉色系的搭配营造甜美梦幻、活泼俏皮的氛围

老年人一般都喜欢安静的环境，在装饰老人房时要考虑到这点，使用一些舒适、安逸、柔和的配色，应避免使用红、橙等易使人兴奋的高纯度色彩。例如，使用色调不太暗沉的中性色，表现出亲近、祥和的感觉。在柔和的前提下，也可使用一些对比色来增添层次感和活跃度。

黄金法则和常用技巧

暖色系使人感到安全、温暖，能够给老人带来心灵上的抚慰，使之感到轻松、舒适。但注意要使用低纯度、低明度的暖色系。

△ 老人房的卧室床品形成一组冷暖色的弱对比

△ 降低纯度和明度的暖色系给人温暖和安全感

△ 中性色配色适合表现老人房安逸祥和的氛围

四 男性空间配色

男性空间的配色应表现出阳刚、有力量的视觉印象。具有冷峻感和力量感的色彩最为合适。例如冷色调的蓝色、灰色、黑色，或者暗色调、浊色调的暖色。若觉得暗沉色调显得沉闷，可以用纯色或者高明度的黄色、橙色、绿色等作为点缀色。

深暗色调的暖色，例如深茶色与深咖色可展现出厚重、坚实的男性气质。而暗浊的蓝色搭配深灰，则能体现高级感和稳重感。在深色调中加入白色，可以显得更加干练和充满力度。

△ 暗浊的蓝色搭配深灰，体现出高级感和稳重感

△ 男性空间适合搭配具有冷峻感和力量感的色彩

△ 黑白灰的整体色调，表现出男性空间简洁利落的气质

五 女性空间配色

女性空间的配色不同于男性空间，色彩的选择基本没有限制，即使是黑色、蓝色、灰色也可以应用，但需要注意色调的选择，避免过于深暗的色调。

女性空间经常使用糖果色进行配色，如以粉蓝色、粉绿色、粉黄色、柠檬黄、宝石蓝和芥末绿等甜蜜的女性色彩为主色调，这类色彩具有香甜的感觉，能带给人清新甜美的感受。此外，紫色具有特别的效果，能创造出浪漫感的氛围。

黄金法则和常用技巧

女性空间应展现出女性特有的温柔美丽和优雅气质，配色上常以温柔的红色、粉色等暖色系为主，色调反差小，过渡平稳。

△ 粉色、紫色搭配白色，营造出具有女性特征的卧室空间

△ 高纯度的紫红色与水蓝色形成对比色，创造出追求个性的年轻女性的卧室空间

△ 粉色是女性的代表色，大面积应用展现出甜美、梦幻的感觉

色彩印象表现

一 高贵印象配色

在所有的色彩中，紫色象征神秘奢华，金色象征王权高贵，白色象征纯洁神圣，冰蓝色象征冷艳高级。

对于室内装饰来说。除了金色之外，一般采用紫色为基调最能表达出高贵印象，紫色在古代是权贵之色，因为紫色染料提取非常不易，是古罗马时期皇室和主教的专属色；在基督教中，紫色代表至高无上的地位和来自圣灵的力量；在中国古代，紫色的珠宝和衣服都是富贵人家才能拥有的。

紫色加入少量的白色后会变得清新而有活力，十分优美；紫色搭配金色显得奢侈华美，搭配黑色是具有神秘感的配色，黑色还能够凸显紫色的冷艳感。

△ 紫色、白色以及金色的结合，演绎高贵的女性主题

◇ 常见的高贵印象色彩常用色彩

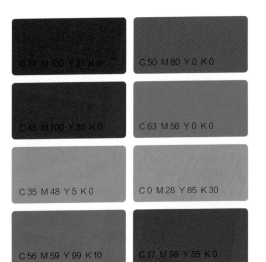

C 74 M 100 Y 21 K 0

C 50 M 80 Y 0 K 0

C 45 M 100 Y 30 K 0

C 63 M 56 Y 0 K 0

C 35 M 48 Y 5 K 0

C 0 M 28 Y 85 K 30

C 56 M 59 Y 99 K 10

C 17 M 98 Y 55 K 0

△ 高纯度的蓝色和金色搭配烤漆家具的质感，带来一种高贵气质

二 华丽印象配色

色彩是华丽还是朴素与色相关系最大，其次是纯度与明度。金色与银色是金碧辉煌、富丽堂皇的宫殿色彩，是古代帝王的专用色，让人联想到龙袍、龙椅等；在传统的节日里，喜庆的红色表现出浓郁的华丽气息；西方人对紫色、深蓝色情有独钟，认为这两种色彩是高贵、富裕的象征。

△ 无处不在的金色结合家具优雅流畅的造型，给空间带来法式新古典的华丽感

黄金法则和常用技巧

在软装设计中，想表现华丽印象通常选择暖色系为主调，局部点缀冷色系色彩，通过鲜艳明亮的色调尽可能扩大色相范围。并且作为主色的暖色应以浓、暗色调为主，如金色、红色、橙色、紫色、紫红等，这些色调具有奢华且富有品质的感觉。

◇ 常见的华丽印象色彩常用色彩

C 25 M 96 Y 71 K 12	C 45 M 95 Y 33 K 24
C 16 M 25 Y 93 K 3	C 62 M 94 Y 10 K 2
C 35 M 61 Y 97 K 29	C 32 M 31 Y 68 K 13
C 85 M 81 Y 81 K 68	C 36 M 100 Y 100 K 2

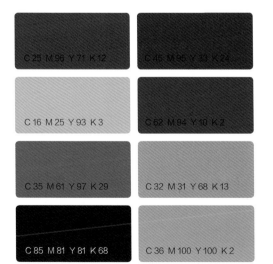

△ 金色与黑色的经典搭配，具有丰富的视觉层次

三 都市印象配色

都市印象的配色常常能够使人联想到商务人士的西装、钢筋水泥的建筑群等的色彩。通常用灰色、黑色等与低纯度的冷色搭配，明度、纯度通常较低，色调也较弱。

蓝色系搭配能够展现城市的现代感，灰蓝色具有男性气质；在冷色系配色中添加茶色系色彩，给人时尚、理性的感觉；黑色与白色的搭配使用也可以很好表现出都市化的感觉。

△ 开放式的空间运用黑白灰的色彩组合，呈现出现代简约的都市气质

◇ 常见的都市印象配色常用色彩

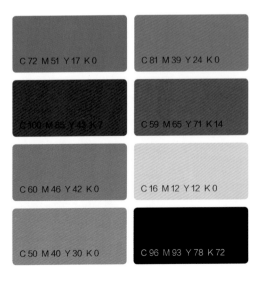

C 72 M 51 Y 17 K 0

C 81 M 39 Y 24 K 0

C 100 M 85 Y 43 K 7

C 59 M 65 Y 71 K 14

C 60 M 46 Y 42 K 0

C 16 M 12 Y 12 K 0

C 50 M 40 Y 30 K 0

C 96 M 93 Y 78 K 72

△ 灰色与蓝色的组合是表现都市印象
最常见的配色方案之一

简单自然的生活，成为越来越多都市人的心中向往。在软装设计时可将富有自然感的配色创意地运用到家居装饰中，营造自然的氛围，营造舒适的居家环境。一般自然印象的配色，色相以浊色调的棕色、绿色、黄色为主，明度中等、纯度较低。

树木的绿色和大地的棕色是自然中最常见的色彩，两者搭配能很好地打造质朴的感觉；棕色系使人联想到成熟的果实和收获的景象，是打造乡村风格常用的色彩，如果加一点做旧感，能立刻散发出森林木居的气息；纯度稍低的绿色和红色这两种互补色的搭配，具有浓郁的美式乡村的复古感。

△ 取自泥土、树木等自然素材的色彩给人温和朴素的印象

黄金法则和常用技巧

自然印象的配色是从自然景观中提炼出来的配色体系，具有很强的包容性，例如大地、原野、树木、花草等给人温和、朴素的印象色彩都可以使用。

◇ 常见的自然印象配色常用色彩

C 52 M 60 Y 86 K 7	C 33 M 5 Y 81 K 0
C 45 M 87 Y 100 K 13	C 48 M 29 Y 45 K 0
C 34 M 14 Y 30 K 0	C 24 M 0 Y 55 K 0
C 32 M 34 Y 99 K 20	C 8 M 36 Y 54 K 1

△ 米白色的墙面结合褐色的木质具有质朴的暖意

浪漫印象配色

　　纯度很低的粉、紫色是营造浪漫氛围的最佳色彩，如淡粉色、淡薰衣草色。其中粉红色通常是浪漫主义和女性气质的代名词，能让人联想到少女服装、甜蜜糖果、化妆品，展现出一种梦幻感。明亮的紫红和紫色给人轻柔浪漫的感觉，加入淡粉色呈现出甜美的梦境；加入蓝绿色系，会有童话世界般的感觉。随着涂料配色工艺的发展，越来越多的浪漫色彩被创造出来，如艺术气质很浓的紫色、妩媚的桃粉色等。

△ 墙壁大面积地使用浅粉色，很容易打造出甜美梦幻的氛围

◇ **常见的浪漫印象配色常用色彩**

C 3 M 25 Y 3 K 0

C 3 M 12 Y 25 K 0

C 20 M 1 Y 2 K 0

C 3 M 40 Y 33 K 0

C 5 M 20 Y 0 K 0

C 10 M 4 Y 2 K 0

C 3 M 16 Y 14 K 0

C 47 M 100 Y 60 K 6

△ 用女生喜爱的香芋紫作为背景色，整个空间充满浪漫的情调

复古印象配色

在复古风潮愈加风靡的今天，以怀旧物件为主要布置元素的怀旧风情也悄然流行于室内软装设计。复古风格家居巧妙利用色彩与配饰，呈现出具有时间积淀感的怀旧韵味，让人百看不厌。复古色不是单指一种颜色，而是指一种看起来具有古朴感觉让人产生怀旧情绪的色调。

复古印象的配色常以暗浊的暖色调为主，明度和纯度都比较低。很多颜色都可以表现出复古的味道，如褐色、白色、米色、黄色、橙色、茶色、木纹色等。

黄金法则和常用技巧

褐色是复古印象最具代表性的一种色彩，褐色与橙黄色搭配给人以温暖的怀旧印象，褐色与深绿色搭配，则在感怀时光流逝中多一分活力和轻松。

△ 雪松绿与大面积褐色搭配运用，散发出一种原始的美感

◇ 常见的复古印象配色常用色彩

C 45 M 60 Y 79 K 3	C 61 M 73 Y 91 K 47
C 29 M 52 Y 59 K 0	C 3 M 15 Y 34 K 0
C 28 M 33 Y 69 K 0	C 57 M 23 Y 70 K 0
C 48 M 50 Y 54 K 0	C 25 M 48 Y 35 K 0

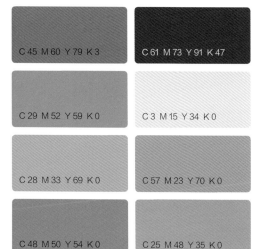

△ 复古工业风的配色追求的是一种斑驳的简单美

七 活力印象配色

活力印象的家居空间给人热情奔放、开放活泼的感觉，是年轻一代的最爱。配色上通常以鲜艳的暖色为主，色彩明度和纯度较高，如果再搭配上对比色的组合，可以呈现出极富冲击感的视觉效果。

鲜艳的黄色给人阳光照射大地的感觉，即使是少量使用，也可作为点缀色给空间增添活泼和积极向上的感觉；混合了热情红色和阳光黄色的橙色，是被认为最有活力的颜色，与红色搭配可以展现运动的热情和喧闹，与少量的蓝色搭配形成对比，特别能凸显配色的张力。

△ 高饱和度的柠檬黄自带阳光，使空间充满活力

△ 空间配色活泼却有章可循，墙面与地面的色彩与室内家具的色彩
形成呼应关系

◇ 常见的活力印象配色色值

C 65 M 0 Y 29 K 3	C 3 M 9 Y 50 K 0
C 2 M 14 Y 85 K 0	C 5 M 37 Y 94 K 0
C 2 M 66 Y 53 K 0	C 6 M 75 Y 82 K 0
C 28 M 1 Y 91 K 0	C 2 M 40 Y 33 K 0

八 时尚印象配色

比简约风格更加凸显自我、张扬个性的现代时尚风格成为艺术爱好者们在家居设计中的首选。

前卫印象的配色给人时尚、动感、流行的感受，使用的色彩饱和度较高，并通常通过对比较强的配色来表现张力，例如黑白配，各种彩色的互补色和对比色，以及不同明度和纯度的对比等。

明黄色可以表现活泼动感的印象；银灰色系是表现金属质感的主要色彩之一，如果要表达现代都市的时尚感，可以适当使用，甚至大面积使用，但是要注重图案和质感的构造；黑白色系简洁大方，能够制造出前卫惊艳的视觉效果。

△ 浅色与深色形成对比，空间开放度高，充满时尚与活力

◇ 常见的时尚印象配色色值

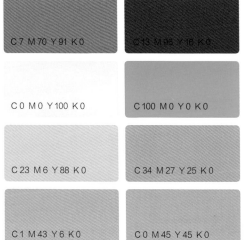

C 7 M 70 Y 91 K 0	C 13 M 96 Y 18 K 0
C 0 M 0 Y 100 K 0	C 100 M 0 Y 0 K 0
C 23 M 6 Y 88 K 0	C 34 M 27 Y 25 K 0
C 1 M 43 Y 6 K 0	C 0 M 45 Y 45 K 0

△ 克莱因蓝结合现代化材质的运用，是对时尚空间的完美诠释

空间界面配色

一 顶面配色

首先，一般建议顶面不要比地面的颜色深，尤其是层高不高的空间，以浅色较佳，可以产生拉伸视觉层高的作用。其次，虽然使用纯白色最为安全，但想要营造气氛，也可以大胆尝试其他颜色，比如想让客厅产生神秘感，可以使用暗色系。要注意地面与墙的色彩搭配，不宜两者都过于沉重，容易使人产生压迫感。另外，吊顶比墙面受光少，选择比墙面浅一号的色彩会有膨胀效果。

黄金法则和常用技巧

如果希望顶面比实际情况显得更高，就把它刷成白色、灰白色或是浅冷色，而把墙面刷成较深的颜色，这样拉高空间的效果会非常显著。反之，如果希望顶面显得低一些，可以选用较墙面浓重的色彩来装饰顶面，重心整体在上方，视觉上会使层高显得比较低。

△ 色彩较墙面浓重的顶面会让层高在视觉上显得低一些

△ 白色顶面可产生拉升视觉层高的作用

△ 暗色系的顶面给空间增加神秘感

二 墙面配色

墙面配色的关键点是：先确定风格，选定大致的选色范围，再根据不同房间的光照、功能、个人喜好，并参考一些家具搭配方案，缩小选色范围。在确定墙面颜色之前，一定要做测试。

墙面并不是只能用一种颜色，渐变色、多色混搭，能给家里带来全新的感觉。多色搭配时，要注重色调的协调感，最好选择基调相近的色彩，双色或多色搭配时，可以是相近色，也可以是彩度较低的互补色，这样能保持整体的协调，同时又能创造出更丰富的层次感。另外，色彩不宜过多，否则很容易显得杂乱，没有主题。并且颜色最好不要超过三种。

△ 室内的墙面颜色，可从空间中的窗帘、靠枕、装饰画及其他软装元素中提取

△ 如果想在同一房间内的墙面上应用多种颜色，可选择相同色调但不同纯度和明度的颜色

墙面的色彩要和家具的色彩相互协调。如果墙面的颜色已经确定，那么家具的颜色可以根据墙面的颜色进行搭配。例如将房间中大件的家具颜色靠近墙面，这样就保证了整体空间的协调感。小件的家具可以采用与墙面对比的色彩，从而制造出一些变化。既能增加整个空间的活力，又不会破坏色彩的整体感。

如果事先已经确定要买哪些家具，可以根据家具的风格、颜色等因素选择墙面色彩，避免后期搭配时出现风格不协调的问题。

如果每个房间都刷不同的颜色，那就要找到连接房间的中间区域，比如过道，涂成比较中性的色调。中性色不一定是灰白黑，米黄、棕色、象牙色等也是比较好搭配的颜色。也可以将两个房间的色彩结合，加深或者减轻，涂成撞色的几何图案。

△ 中性色的过道墙面可以很好地衔接两个不同色彩的房间

△ 墙面与家具应用邻近色搭配，保证整体空间的协调感

△ 墙面与家具形成对比色，再通过靠枕等小物件形成呼应

地面配色

地面色彩构成中，地板、地毯和所有落地的家具陈设均应考虑在内。地面通常采用与家具或墙面颜色接近而明度较低的颜色，以获得一种稳定感。有人认为地面的颜色应该比墙面更重才好，对于那些面积宽敞、采光良好的房子来说，这是比较合理的选择。但对于面积狭小的居室，地面颜色太深会使房间显得更狭小，此时选择浅色地面比较适宜。

△ 小户型居室适合选择浅色的地面，让空间显得更大

黄金法则和常用技巧

改变地面的颜色可以改变房间的视觉高度，浅色的地面让房间显得更高，深色地面会降低房间的视觉高度，但也会让房间显得更稳定，并且能把家具衬托得更有品质，更有立体感。

△ 在室内配色时，应把地毯色彩作为地面色彩的一部分进行综合考虑

△ 深色地面会降低视觉高度，给人视觉上的稳定感，适合大户型的居室

5

DESIGN

软 装 设 计
从 入 门
到 精 通

第 五 章

软装
元素
实战
摆场

一 家具陈设原则

❶ 家具布置的二八法则

家具布置时最好忘记品牌的概念，建议遵循二八搭配法则。意思就是空间里80%的家具使用同一个风格的款式，而剩下的20%可以搭配一些其他款式进行点缀，例如可以选择一件中式风格家具布置在现代简约风格的空间里面。但有些风格并不能用在一起。例如维多利亚风格的家具与质朴自然的美式乡村家居格格不入，但和同样精致的法式、英式或东方风格的传统家具搭配时就很协调；而美式乡村风格的家具和现代简约风格的家具就可以搭配在一起。

△ 法式风格客厅中加入两把中式圈椅，东西方文化碰撞出不一样的火花

△ 在新中式客厅中出现后现代风格的茶几与单椅也很和谐，布置时应注意不同风格款式的比例

◁ 带有现代轻奢质感的丝绒贵妃榻与雕刻传统中式图案的实木柜完美共存于同一个空间

② 家具布置的尺寸比例

首先选择家具不能只看外观，尺寸的合适与否也是很重要的。在卖场看到的家具往往会感觉比实际的尺寸小，觉得尺寸应该正合适的家具，拿到家里发现太大的情况时有发生。所以，要仔细测量家中空间和家具的尺寸。其次，室内的家具大小、高低都应有一定的比例。这不仅是为了美观，更重要的是关系到舒适和实用。如沙发与茶几、书桌与书椅等，它们虽然是两件家具，使用时却是一个整体，如果大小高低比例不当，既不美观，也不实用、舒适。

△ 看似随意布置的家具无论造型、高度还是色彩上，彼此之间都存在紧密的联系

③ 家具布置的空间占比

各种家具在室内占据的空间不能超过 50%，否则会影响屋内正常空气的流通。从美观的角度来讲，一般来说家具占空间的 1/3 是最好看的。

客厅中沙发所占面积不要超过客厅总面积的四分之一，太大了会产生拥挤的感觉。床与卧室面积的比例不宜超过 1:2，不能一味追求大床而忽略床与空间的关系。

书房中最重要的家具是书柜，选择时要针对自己已有的书籍和将来要添置的书籍决定书柜的样式大小。书柜与书桌的高度比例也要协调。

△ 家具在布局前应考虑好与空间的比例关系，形成整体感的同时，让每一处区域分工有序、层次分明

4 家具布置的空间动线

房间的舒适程度与人能否方便活动直接相关。做饭时需要在厨房到餐厅之间走动、晾衣服时需要在卫浴间和阳台之间走动，为更有效率地进行这些活动，需要制定活动路线，让人能最方便地到达想去的地方。空间大小、高度，空间相互之间的位置关系和高度关系，以及家庭成员的身心状况、活动需求、习惯嗜好等都是动线设计时应考虑的因素。

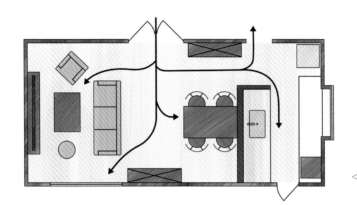

◁ 家具陈设的活动路线图

5 家具布置的视线调整

在室内设计中，选择较低的家具来收纳物品时，向前或者向后看的视线都不会被遮挡，视觉空间会更宽敞。同时还要注意将高度较高的家具摆放在房间角落或者靠墙位置，这样不会给人压迫感。

布置家具时，立体方位也是一个重点。坐在餐桌旁边时，如果能看见厨房的整个水槽，或者看见厨房摆放的杂乱的东西，就会影响就餐的心情。这时只需要改变一下餐桌的朝向，使视线避开水槽就可以了。此外，坐在椅子上时，进入视线的景观也需要考虑，要尽量让视线面向窗外或墙面的装饰画等令人赏心悦目的景色，然后据此配置各种椅子类的家具。

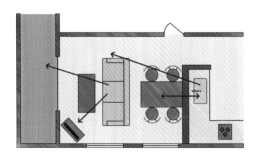

△ 从厨房可以看到餐厅与客厅的状况，但坐在沙发上却看不到厨房，通常房间内空间不足时，可将视野向室外引导

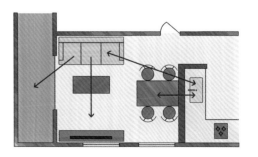

△ 坐在沙发上直视只能看到厨房一小处，同时也可以看到室外，给人以恰到好处的开阔感

二 家具色彩搭配

1 家具配色原则

室内空间中除了墙面、地面、顶面之外，最大面积的就是家具了，家居整体配色效果由这些大面积的色块组合在一起形成。

家具颜色的选择，自由度相对较小，而墙面颜色的选择则有无穷的可能性。所以可以先确定家具的颜色，再根据配色规律来选择墙、地面的颜色，最后展开窗帘、摆件和壁饰的颜色。

有时候一套让人喜爱的家具，还能提供特别的配色灵感，并能以此形成相应的配色印象。如果事先不考虑家中所需要的家具，而是一味孤立地考虑室内硬装的色彩，在软装布置时有可能很难找到颜色匹配的家具。

如果加硬装完成的情况下搭配软装，那么家具的色彩除了要考虑硬装色彩外，还应兼顾硬装造型以及材质与家具的匹配度。

黄金法则和常用技巧

一个空间的配色通常从主体色开始进行，所以可以先确定沙发的色彩，为空间定位风格后，再挑选墙面、灯饰、窗帘、地毯以及靠枕的颜色来与沙发搭配，这样的方式主体突出，不易产生混乱感，操作起来比较简单。

△ 以家具为中心延伸到整个空间的配色方案

2 家具配色方案

如果不想改变精装房空间的硬装色彩，那么家具的颜色可以根据墙和地面的颜色进行选择搭配。

一种方案是将主色调与次色调分离出来。主色调是指在房间中面积最大最为重要的颜色，次色调起衬托作用的颜色。大件家具按照主色调来选择，尽量避免家具颜色与主色调差异过大。边几、单椅、小沙发等小件家具形成次色调，可以选择比主色调有一定差异的颜色，形成空间的色彩层次感。窗帘、地毯等布艺可以按次色调进行选择，这样显得空间主次分明，更有层次感。

另一种方案是将房间中的家具分成两组，一组家具的色彩与地面靠近，另一组则与墙面靠近，这样的配色很容易达到和谐的效果。如果感觉有些单调，那就通过一些花艺、靠枕、摆件、壁饰等装饰元素的鲜艳色彩进行点缀。

△ 小件家具采用与背景色对比的色彩，增加空间的活力

△ 空间中的大件家具与墙面色彩融为一体，保证了整体的协调

③ 家具单品配色

对于沙发的颜色，如果客厅墙面四白落地，选择深色沙发会使室内显得洁净安宁、大方舒适。对于小户型来说，白色沙发是很明智的选择，它的轻快与简洁会给空间带来一种舒缓的氛围，也可以选择图案细小、色彩明快的沙发。

素色沙发比较百搭，只要简单搭配一些摆件或墙饰，就能形成需要的风格。

如果为了稳妥起见，白色或灰色是最佳的百搭选择，是最不容易出错的颜色。但是白色不耐脏，所以淡灰色或者深灰色是比较好的选择。

&魅无界设计

黄金法则和常用技巧

大花图案的沙发不太容易驾驭，但是是形成家居亮点的首选。特别是在留白处理的客厅空间里，增加抢眼的大花沙发，以色彩来丰富空间的表情，可以营造出不一样的居家氛围。

&北欧建筑设计

△ 灰色系列的沙发比较百搭，适合多种风格的客厅空间

△ 素色沙发让人感觉轻松和舒适，但应注意其他软装饰品的合理搭配

通常茶几都是使用中性色调，但不免会有些单调乏味。其实不妨大胆尝试鲜艳色彩，和沙发形成对比色调。如果靠枕的颜色和沙发是对比色，就可以使用靠枕颜色的相同色系，这样在整体上虽然有撞色，但也不会太突兀。

椅子可以说是家居场景中的点睛配饰，使用起来也特别灵活，在任何空间都可以用来充当配色元素，调节家居空间的饭氛围，撞色是最常用的手法，能够立刻给空间带来立体感。

△ 红色茶几与大花图案的沙发色彩形成对比，富有视觉冲击力

△ 在色调相对素雅的客厅空间中，一把高纯度色彩的单椅可以起到很好的点缀作用

室内家具标准尺寸最主要的依据是人体尺度，如人体站姿时伸手的最大活动范围，坐姿时的小腿高度和大腿的长度及上身的活动范围，睡姿时的人体宽度、长度及翻身的范围等都与家具尺寸有着密切的关系。

① 玄关家具

入户玄关柜是放置鞋子、包包等物品的地方，具备一定的储物功能。通常都会放在大门入口的两侧，至于具体是左边还是右边，可以根据大门的推动方向，也就是大门开启的方向来定。一般应放在大门打开后空白的那面墙，而不应藏在打开的门后。

入户玄关柜不建议选择顶天立地的款式，做成上下断层的造型会比较实用，分别将单鞋、长靴、包包和零星小物件等分门别类，中间的断层可以设置成放置工艺品的空间，陈设一些小物件，如镜框、花器等，提升美感，给客人带来良好的第一印象。

通常不到顶的玄关柜高度为 850~900mm；到顶的玄关柜为了避免过于单调分上下柜安置，下柜高度同样是 850~900mm，中间留空 350mm，剩下是上柜的高度尺寸；深度根据中国人正常鞋码的尺寸不小于 350mm。

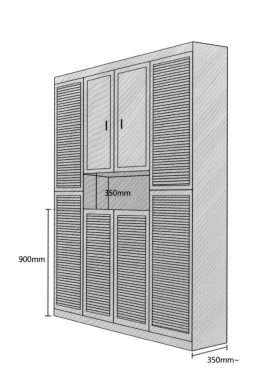

350mm

900mm

350mm~

△ 玄关鞋柜的常规尺寸

△ 玄关设计成上下断层的形式更为实用，中间的空间可用来摆放工艺品、钥匙等零散小物件

2 客厅家具陈设

客厅家具的选择与摆设，既要符合客厅休闲娱乐的功能要求，营造安心舒适的空间，又要体现自己的个性与主张。

一般来说，沙发类的室内家具标准尺寸数据并不是一成不变的，不同风格的沙发，尺寸略有差异。沙发的尺寸也同样是根据人体工程学确定的。通常单人沙发宽度 80~95cm，双人沙发宽度 160~180cm，三人沙发宽度 210~240cm。深度一般在 90cm 左右。

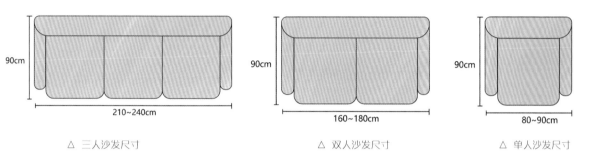

△ 三人沙发尺寸　　　　　　　△ 双人沙发尺寸　　　　　　　△ 单人沙发尺寸

通常沙发会靠着客厅主墙，所以在挑选沙发时，可以依照这面墙的宽度来选择尺寸。如果主墙面的宽度在 400~500cm 之间，沙发最好不要小于 300cm，而对应的沙发与角几的总宽度则可为主墙宽度的四分之三，也就是宽度为 400cm 的主墙可选择约 250cm 的沙发与 50cm 的角几搭配使用。

如果客厅空间过小，可以只摆一张一字形主沙发，沙发两旁最好能各留出 50cm 的宽度来摆放边桌或边柜，以免形成压迫感。

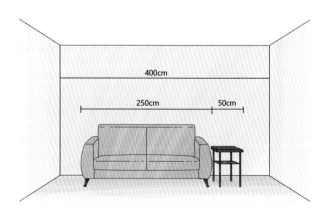

△ 根据墙面宽度选择沙发尺寸

△ 沙发的宽度应根据背景墙的尺寸而定，避免影响到空间的活动路线

I 形陈设		将沙发沿客厅的一面墙摆放呈一字状，前面放置茶几。这样的布局能节省空间，增加客厅活动范围，非常适合小户型空间。如果沙发旁有空余的地方，可以搭配一到两个单椅或者摆放一张小角几
L 形陈设		先根据客厅实际长度选择双人或者三人沙发，再根据客厅实际宽度选择单人扶手沙发或者双人扶手沙发。也可以选择尺寸合适的L形沙发。茶几最好选择长方形的，角几和散件则可以灵活选择
U 形陈设		U 形摆放一般适合面积在 30 平方米以上的大客厅，而且需为周围留出足够的过道空间。一般由双人或三人沙发、单人椅、茶几构成，也可以选用两把扶手椅，要注意坐位和茶几之间的距离
面对面形陈设		将客厅的两个沙发对着摆放，适合不爱看电视的居住者。如果客厅比较大，可选择两个比较厚重的大沙发，再搭配两个同样比较厚实的脚凳。比较狭长的小客厅，可以选择两个小巧的双人沙发
围合形陈设		以一张大沙发为主体，再为其搭配多把扶手椅，形成一个围合的方形。因为四面都摆放家具，所以家具变化的形式和种类也就非常多。比如三人或双人沙发、单人扶手沙发、扶手椅、躺椅、榻、矮边柜等，可以根据实际需求随意搭配使用

选择茶几时要与沙发配套，尺寸要与空间相协调，例如狭长的空间放置宽大的正方形茶几就会过于拥挤。

茶几高度大多是 30~50cm，大型茶几的平面尺寸较大，高度就应该适当降低，以增加视觉上的稳定感。如果找不到合适的茶几高度，那么宁可选择矮点的，也不要选择过高的茶几。高茶几不但会阻碍视线，而且因为高度过高，也不便于再往上放置物品，比如茶杯、书籍等。

茶几的适宜长度是沙发的七分之五至四分之三；宽度要比沙发多出五分之一左右最为合适，这样比较符合黄金比例；高度要等于或略低于沙发扶手的高度。

黄金法则和常用技巧

茶几摆设时要注意动线顺畅，与电视墙之间要留出 75~120cm 的走道宽度，与主沙发之间要留出 35~45cm 的距离，45cm 的距离是最为舒适的。

& 元禾大千设计

△ 通常茶几的桌面高度要等于或略低于沙发扶手的高度

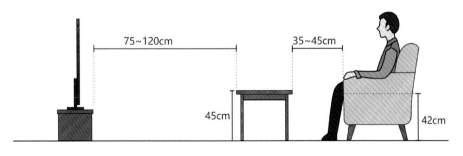

75~120cm   35~45cm

45cm   42cm

△ 茶几陈设尺寸

电视柜的尺寸首先要根据电视机的大小来决定。一般电视柜的宽度要比电视机的宽度至少长三分之二才会有比较舒适的视觉感，让人看电视时可以把注意力集中到电视机上面。其次，电视柜的尺寸需要与电视墙配合，两者要和谐。电视柜的高度一般在40~60cm之间。

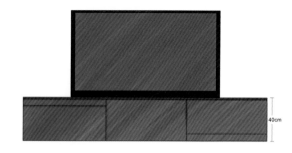

△ 客厅电视柜尺寸

对于小户型的客厅，组合式电视柜是非常实用的，一般都是由大小不同的方格组成，上部比较适合摆放一些工艺品，柜体厚度至少要在30cm以上；而下部摆放电视的柜体厚度则至少要在50cm以上。

如果挑选其他家具当作电视柜用使用，高度不用超过70cm，如果高于这个高度容易形成仰视。

△ 组合式电视柜

③ 餐厅家具陈设

餐厅里面的家具主要以餐桌椅为主，一个餐厅的餐桌椅最重要就是尺寸问题，因为如果餐桌较高而餐椅不配套，就会坐得不舒服，影响就餐心情。一般餐桌椅的尺寸是按餐厅的空间大小来确定的。

餐桌椅与餐厅的空间比例一定要适合，造型主要取决于使用者的需求和喜好。通常餐桌大小不要超过整个餐厅的三分之一是常用的餐厅布置法则。

△ 正方形餐桌通常用于小户型的餐厅空间

△ 长方形餐桌比较常见的是四人座和六人座的

餐桌的形状有圆形、正方形和长方形，无论何种样式，餐桌高度都在 75~80cm。

圆桌可以方便用餐者互相对话，人多时可以轻松加入位置，同时在中国传统文化中具有圆满和谐的美好寓意。圆桌大小可依人数多少来挑选，适用两人座的直径为 50~70cm，四人座的为 85~100cm。如果选用直径 90cm 以上的，虽可坐多人，但不宜摆放过多的固定椅子。正方形餐桌桌面的单边尺寸有 75~120cm 不等。长方形餐桌桌面尺寸则是四人座约 120cm×75cm，六人座约 140cm×80cm。

△ 圆形餐桌在中国传统文化中具有团圆的美好寓意

餐桌陈设方案

餐桌居中陈设	80cm	在考虑餐桌的尺寸时，还要考虑到餐桌离墙的距离，一般控制在 80cm 左右比较好，这个距离是能使就餐的人方便活动的最小距离
餐桌靠墙陈设		小户型餐厅空间的面积往往极其有限，将餐桌靠墙摆放是一个很不错的方式，虽然少了一面摆放座椅的位置，但是却缩小了餐厅的范围，对于两口之家或三口之家来说已经足够了
餐桌于厨房中陈设		要想将就餐区设置在厨房，需要厨房有足够的空间，保证操作台和餐桌之间有足够的距离，可折叠的餐桌是不错的选择，可以选择靠墙的角落来放置

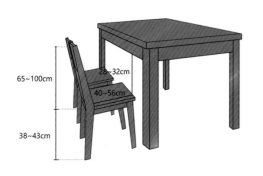

△ 餐椅常规尺寸

餐椅的宽度为 40~56cm 不等，座高一般为 38~43m，椅背高度为 65~100cm 不等。餐桌面与餐椅座高差一般为 28~32cm 之间，这样的高度差最合适吃饭时的坐姿。另外，每个并排的座位之间要预留 5cm 的手肘活动空间，椅子后方要预留至少 10cm 的挪动空间。若想使用扶手餐椅，餐椅宽度再加上扶手则会更宽，所以在安排座位时，两张餐椅之间约需 85cm 的宽度，因此餐桌长度也需要更大。

空间足够大的独立式餐厅，可以选择有厚重感的餐椅，与空间相匹配。中小户型的餐厅如果希望营造别样的就餐氛围，可以考虑用卡座的形式替换部分的餐椅。同时卡座内部具有储藏功能，还能起到空间收纳的作用。

△ 小户型餐厅可用卡座的形式代替餐椅

△ 大户型空间的独立式餐厅可选择比较有厚重感的餐椅

餐边柜主要用来放置碗碟筷、酒类、饮料等，也可以用来临时放汤和菜肴，甚至可以用来作为日常存取物品的空间，比如置放家中客人的各种小物件。

餐边柜的尺寸应根据餐厅的大小进行设计，长度可以根据需要制作，深度可以是 40cm~60cm，高度 80cm 左右，也可以是 200cm 左右的高柜，又或者直接做到顶，增加储物收纳功能。

对于餐厅面积较大的空间，可以考虑选择体积高大的餐边柜；而对于餐厅面积稍小的空间，要在满足储物功能的同时少占用空间。一般建议选择窄而长的悬挂式餐边柜，悬空的设计可以减少地面占用空间，而且比一般的酒柜薄，不会产生空间的压迫感。因为柜体可以做得稍长，所以虽然宽度窄，却并不会影响储物功能。

△ 整墙式餐边柜

△ 餐边柜常规尺寸

△ 低柜式餐边柜

4 卧室家具陈设

卧室的主要作用就是休息，所以睡眠区是卧室的重中之重，而睡眠区最主要的软装配饰就是床，它也是卧室空间中占据面积最大的家具。在设计卧室时，首先要设计床的位置，然后依据床位来确定其他家具的摆放位置。也可以说，卧室中其他家具的设置和摆放位置都是围绕着床而展开的。

通常布置卧室的起点，就是选择适合的床。除非卧室面积很大，否则别选择加大双人床。一般人对空间不是特别有概念，如果选购前想知道所选的床占了卧室多少面积，可以用以下的简单方法：用胶带将床的尺寸贴在地板上，然后各边再加30cm宽作为人绕着床走动的空间，这个区域就是床要占据的空间。

△ 以床为中心的卧室家具陈设方案

室内家具标准尺寸中，床的宽度和长度没有太大的标准规定，不过对于床的高度却是有一定的要求的，那就是从被褥面到地面之间的距离为44cm才是属于一个健康的高度。床的周围不止需要留出能够过人的空间，还需要为整理床铺留出一定的空间。如果想摆放床头柜，床头旁边需留出50cm的宽度，可顺手摆放眼镜、手机等小物品。

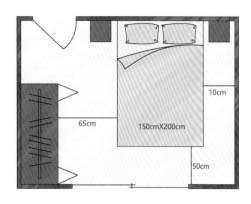

△ 将床摆放在中间较为常见，位置确定后，先就床的侧边与床尾剩余空间宽度，来决定衣柜的摆放位置。床与衣柜之间要留出90cm的位置。

黄金法则和常用技巧

相比大人的房间，儿童房需要具备的功能更多，除睡觉的床外，还要有储物空间、学习空间，以及活动玩耍的空间，所以需要通过设计使得儿童房空间变得更合理。建议把床靠墙摆放，使得原本床边的两个过道并在一起，变成一个较大的活动空间，而且床靠边对儿童来讲也是比较安全的。

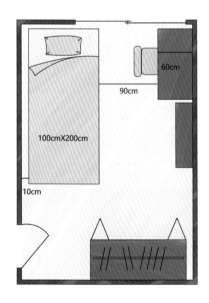

△ 长方形儿童房家具陈设尺寸

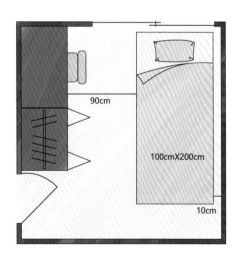

△ 正方形儿童房家具陈设尺寸

衣柜是卧室中比较占位置的一种家具。衣柜的正确摆放可以让卧室空间的分配更加合理。布置时应先明确好卧室内其他固定位置的家具，根据这些家具的摆放选择衣柜的位置。

衣柜陈设方案

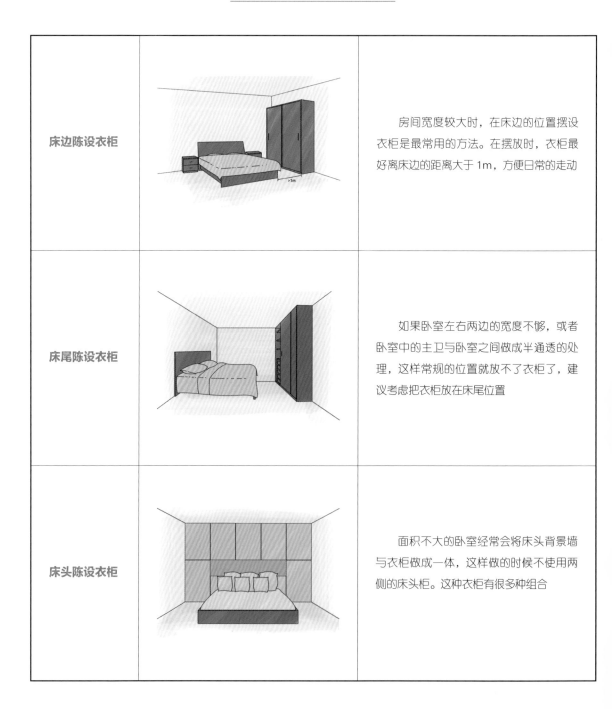

床边陈设衣柜		房间宽度较大时，在床边的位置摆设衣柜是最常用的方法。在摆放时，衣柜最好离床边的距离大于1m，方便日常的走动
床尾陈设衣柜		如果卧室左右两边的宽度不够，或者卧室中的主卫与卧室之间做成半通透的处理，这样常规的位置就放不了衣柜了，建议考虑把衣柜放在床尾位置
床头陈设衣柜		面积不大的卧室经常会将床头背景墙与衣柜做成一体，这样做的时候不使用两侧的床头柜。这种衣柜有很多种组合

通常床头柜的大小占床七分之一左右，柜面的面积以能够摆放下台灯之后仍旧剩余 50% 为佳，这样的床头柜对家庭来说是最合适的。床头柜常规的尺寸是宽度 40~60cm，深度 30~45cm，高度则为 50~70cm，这个范围以内的是属于标准床头柜的尺寸大小。

一般而言，选择长度 48cm、宽度 44cm、高度为 58cm 的床头柜就能够满足一般人们的使用需求。如果想要更大一点的尺寸，则可以选择长度 62cm、宽度 44m，高度 65m 的，能够摆放更多的物品。

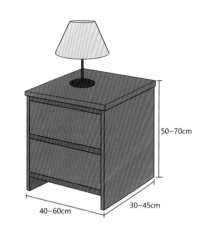

△ 床头柜常规尺寸

△ 新中式风格床头柜

△ 轻奢风格床头柜

书房空间是有限的，所以单人书桌应以方便工作，并实现容易找到经常使用的物品等实用功能为主。一般单人书桌的宽度在 55~70cm，高度在 75~85cm 比较合适。一个长长的双人书桌可以给两个人提供同时学习、工作的区域，并且互不干扰，尺寸规格一般在 75cm×200cm。不同品牌和不同样式的双人书桌尺寸各不相同。

组合式书桌集合了书桌与书架两种家具的功能于一体，款式多样，让家更为整洁，节约空间，并具有强大的收纳功能。还有一些角落空间很难买到尺寸合适的书桌，可以采用现场制作的方法。

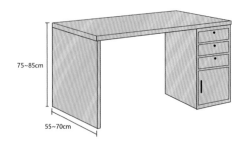

△ 单人书桌常规尺寸

△ 双人书桌常规尺寸

△ 现场制作书桌

书桌的布局与窗户的位置很有关系，一要考虑灯光的角度，二要尽量避免电脑屏幕的眩光。

很多书房中都有窗户，书桌常常被摆在面对窗户的方向，以为这样使用可以在阅读、办公时欣赏到窗外的明媚风光。其实，阅读时窗户过量的室外光容易让人分散精神，更容易开小差。相反，如果背对着窗户摆放书桌，会在阅读时产生阴影，电脑屏幕也会因为直接光照形成反光。因此，无论是办公桌还是阅读椅，人坐的方向最好侧向窗户光源，才更符合阅读需求。

衣柜陈设方案

书桌靠墙摆设	 在一些小户型的书房中，将书桌摆设在靠墙的位置是比较节省空间的。但由于桌面不是很宽，坐在椅子上时很容易踢到墙面，弄脏墙面。因此设计的时候应该考虑墙面的保护，可为桌子加个背板
书桌居中陈设	 面积比较大的书房通常会将书桌居中放置，显得大方得体。但应解决好插座、网络等问题。如果精装房中离书桌较近的墙面上没有预留插座的位置，也可以在书桌下方铺块地毯，将接线隐藏在地毯下面

书柜在软装设计中已经不仅仅是放置书籍、杂志的地方，同时还起到装饰的作用，搭配上精美的书籍，往往能显示居住者儒雅的气质。对于一般家庭，210cm 高度的书柜即可满足需求。

书柜陈设方案

书房书柜		房间比较多的家庭，通常会单独设立书房，在放置书柜时还应根据空间的大小考虑造型
儿童房书柜		房间较少，或者居住人数较多的住宅中，多数家庭会选择将书柜放置在儿童房
客厅书柜		大户型住宅会考虑在客厅等公共空间放置书柜，满足大量收纳空间需求的同时，也体现居住者的文化内涵
卧室书柜		书柜也可以放在卧室中，将床头背景墙，做成整面收纳书柜，使得床头阅读更加方便

布艺织物搭配

 ## 一 窗帘布艺搭配

1 色彩搭配

作为家中大面积色彩体现的窗帘，其颜色的选择要考虑房间的大小、形状以及方位，并与整体的装饰风格形成统一。

如果室内其他色调柔和，想让窗帘具有装饰效果，可采用强烈对比的手法，作为房间的视觉亮点；如果房间内已有色彩鲜明的风景画，或其他颜色鲜艳的家具、装饰品等，窗帘就最好素雅一点，可以选择中性色系的窗帘，如果确实很难决定，那么灰色窗帘是一个不错的选择。

当地面同家具颜色对比度强的时候，可以以地面颜色为中心选择窗帘；地面颜色同家具颜色对比度较弱时，可以以家具颜色为中心选择窗帘。面积较小的房间要选用不同于地面颜色的窗帘，否则会显得房间狭小。有些精装房中的地板颜色不够理想，这时建议选择和墙面相近的颜色，或者选择比墙壁颜色深一点的同色系颜色。例如以浅咖作为墙色时就可以选比浅咖深一点的浅褐色窗帘。

△ 在所有的中性色系窗帘中，灰色系窗帘最为百搭

黄金法则和常用技巧

根据墙面颜色选择窗帘颜色时，最好选择不同明度的，可以浅一些，也可以深一些，如果两者颜色过于接近，会显得缺乏层次感。

◁ 如果地面颜色过深，可选择比墙面颜色深一些的同色系窗帘

△ 靠枕作为窗帘的选色来源是一个不错的选择

像台灯这样越小件的物品，越适合作为窗帘选色来源，能减少空间中颜色的数量，防止颜色太花。少数情况下，窗帘还可以和地毯色彩相呼应。如果地毯本身也是中性色，可以按照地毯颜色做单色窗帘；如果地毯颜色并非中性色，窗帘带上点地毯颜色就可以，不建议两者用同一色。

此外，窗帘上的一些小点缀可以起到画龙点睛的效果，例如在素色窗帘边缘点缀上一圈色彩浓郁的印染花布。

黄金法则和常用技巧

选择靠枕、床品等软装布艺的颜色作为窗帘的颜色，是不容易出错的做法，颜色不一定要完全一致，同色系颜色呼应即可。例如床品和窗帘颜色一样，卧室的整体感会特别强。

△ 选择与床品色彩相近的窗帘可增加卧室空间的整体感

2 纹样搭配

窗帘纹样主要有两种类型，分别是抽象型图案，如方、圆、条纹及其他几何形状，以及天然物质形态图案，如动物、植物、山水风光等。不论是选择几何抽象形状，还是采用自然景物图案，均应掌握简洁、明快、素雅的原则。

窗帘的图案对室内气氛有很大影响，清新明快的田园风光令人有返璞归真之感；色彩明快艳丽的几何图形给人以大气时尚之感；精致细腻的传统纹样给人以古典华美之感。

黄金法则和常用技巧

窗帘的图案如果能和空间中某个图案类似，形成呼应，就可以与整个空间形成很好的衔接。另外应注意，窗帘图案不宜过于琐碎，还要考虑打褶后的效果。

△ 传统纹样窗帘

△ 几何图形窗帘

△ 植物纹样窗帘

无纹样窗帘		如果家里已经放置了很多装饰画或者其他装饰品，整体空间装饰已经很丰富，甚至有点拥挤了，可以选择无图案的纯色窗帘，花哨的窗帘纹样反而会画蛇添足，增加混乱感
带彩边窗帘		一条彩边足以点亮整个空间，但又不会过于闪耀和突兀。儿童房特别适合这种明亮的彩边窗帘
纹样差异法搭配的窗帘		窗帘与空间中其他软装元素（如墙纸、床品、家具面料等）的色彩相同或相近，但纹样不同，既能丰富空间的层次感，又能保持整体的协调
纹样类同法搭配的窗帘		窗帘的纹样与空间中其他软装元素（如墙纸、床品、家具面料等）的纹样相同或相近，能使窗帘更好地融入整体环境，营造和谐一体的感觉

③ 窗帘尺寸测量

因为国内建筑对窗户没有标准尺寸的要求，因此市面上的窗帘基本上都需要进行定制。要事先测量窗户的尺寸以计算窗帘面料的用量。

测量宽度的时候，不要测量窗户本身，而是要量窗帘杆或轨道。轨道的长度应考虑窗帘收起时留出的空间，比窗框左右各长出 10~15cm。这样，在窗帘收起的时候也不会遮挡窗户，可将整扇窗户都露出来。如果是两侧打开的窗帘，中间需要预留重叠的部分，大约需要 2.5cm。窗帘的高度需要根据下摆的位置来决定，窗帘如果在窗台上要距离 1.25cm，如果在窗台下则要多出 15~20cm，落地窗帘的下摆在地面上 1~2cm 即可。

△ 长度到地板的落地窗帘

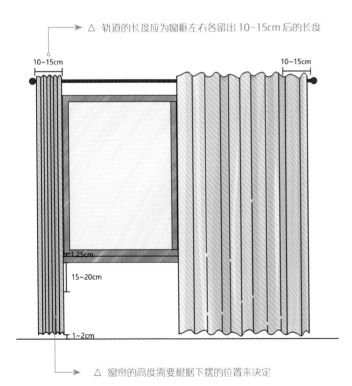

△ 轨道的长度应为窗框左右各留出 10~15cm 后的长度

10~15cm　　　　　　10~15cm

1.25cm

15~20cm

1~2cm

△ 窗帘的高度需要根据下摆的位置来决定

△ 长度到窗台的窗帘

△ 长度到窗户一半的窗帘

套杆式		这是一种比较常见的挂法，拆装都十分简单，只需将窗帘沿着窗帘杆套入即可，而且除了帘杆几乎不需要其他任何辅件，缺点是开合不是太方便
套环式		将搭扣勾于窗帘边缘并与上方的吊环相连，这种方法几乎能用来挂任何一种窗帘，并且开合十分流畅
打结式		这种挂法比较浪漫，直接将窗帘在杆上打个蝴蝶结，可以增加美感，营造温馨浪漫的空间氛围
暗藏搭扣式	暗藏搭扣式（正面） 暗藏搭扣式（反面）	安装十分简单，而且外观整洁干净，全部的挂件都藏于窗帘布后，使窗帘看上去就如同悬浮在窗帘杆前一样，并且可以通过调整搭扣的间距来制造不同的褶皱效果
吊扣式	吊扣式（正面） 吊扣式（反面）	这种挂法是套环式的变异，需要在窗帘的背后缝制一套塑料吊线来勾住搭扣。这样在前面看来，五金搭扣就被隐藏起来，非常适合悬挂重而厚实的绒布窗帘

　　窗户的大小、形状不同，要选用不同的窗帘款式，恰当的窗帘款式有时可以起到弥补窗型缺陷的作用。随着设计风格的多样化，出现了越来越多造型各异的窗型，不同的窗型需要搭配不同的窗帘，"量体裁衣"才能达到最好的视觉效果。

飘窗		如果飘窗较宽，可以做几幅单独的窗帘组成一组，并使用连续的帘盒或大型的花式帘头将各幅窗帘连为整体。窗帘之间相互交叠，别具情趣。如果飘窗较小，就可以当作一个整体来装饰，采用有弯度的帘轨配合窗户的形状
落地窗		落地窗从顶面直达地板，给了窗帘设计更多的空间。落地窗的窗帘选择，以平拉帘或者水波帘为主，也可以两者搭配。如果是多边形落地窗，窗幔的设计以连续性打褶为首选，能非常好地将几个面连接在一起，能避免水波造型分布不均的尴尬
转角窗		转角的窗户通常出现在书房、儿童房或内阳台的设计上。转角窗通常在转角的位置分开成两幅或多幅，且需要定制有转角的窗帘杆，使窗帘可以流畅地拉动
挑高窗		挑高窗从顶部到地面约5~6m，上下窗通常合为一体，多出现在跃层、别墅等空间。窗帘款式要凸显房间和窗型的宏伟磅礴、豪华大气，配帘头效果会更佳，窗帘层次也要丰富。此外，因为窗户过高，一般应安装电动轨道

拱形窗		拱形窗的窗型结构具有浓郁的欧洲古典格调，窗帘应突出窗形轮廓，而不是将其掩盖，可以利用窗户的拱形营造磅礴的气势感，把重点放在窗幔上。以比较小的拱形窗为例，上半部圆弧形部分可以用棉布做出自然褶度的异型窗帘，以魔术贴固定在窗框上
多扇窗或门连窗		当一面墙有多扇窗或者是门连窗，化零为整是最佳的处理方法，窗幔采用连续水波的方式能将多个的窗户很好地联合成一个整体
窄而高的窗型		窄而高的窗型，可以选择简练的设计，窗幔尽可能避免繁复的水波纹设计，以免制造臃肿与局促的视觉感受。窗帘的花纹可以选择横向的，能够拉宽视觉效果。规格上选择长度刚过窗台的窗帘，宽度向两侧延伸过窗框，尽量达到最大的窗幅
短而宽的窗型		矮而宽的窗户比较常见，通常选用单层或双层的落地窗帘效果最好，规格上可选长帘，让帘身紧贴窗框，遮掩窗框宽度，弥补高度的不足。如果这种窗户是在餐厅或厨房的位置，可以考虑在窗帘里加做一层半窗式的小遮帘，增加生活的趣味
大面积的窗户		大面积的窗户带来良好采光的同时，也给窗帘的布置创造了有利的条件。但大幅面的窗帘作为空间中面积很大的颜色和质感元素，需要和其他的软装配饰协调好关系
面积很小的窗户		如果窗户很小，安装厚质面料的落地窗帘，会产生笨重、累赘的视觉效果。因而，最好安装升降帘、罗马帘

6 空间搭配

◆ 客厅的窗帘搭配

客厅的窗帘应尽量选择与沙发相协调的色彩,以达到整体氛围的统一。现代风格客厅最好选择轻柔的布质类面料;欧式风格客厅可选用柔滑的丝质面料。如果客厅空间很大,可选择风格华贵且质感厚重的窗帘,例如绸缎、植绒面料,质地细腻,又显得豪华富丽,而且具有不错的遮光、隔音效果。如果客厅面积较小,纱质的窗帘能够加强室内空间的纵深感。

◆ 餐厅的窗帘搭配

餐厅位置如果不受曝晒,一般设置一层薄窗帘即可。窗纱、印花卷帘、阳光帘均为适宜的选择。当然如果做对开帘会显得更有档次。餐厅窗帘色彩与纹样的选择最好与餐椅的布艺、餐垫、桌旗保持一致。窗帘花色不要过于繁杂,尽量简洁,否则会影响食欲。材质可以选择比较薄的化纤材料,比较厚的棉质材料容易吸附食物的气味。

△ 客厅的窗帘应尽量选择与沙发相协调的色彩

黄金法则和常用技巧

长度到窗台的窗帘看起来漂亮、干净,带点随性悠闲的感觉,适合厨房。长度到窗户一半的窗帘,不仅能引进大量的光线,又能保证隐私。长度到地板的落地窗帘在视觉上非常优雅,特别适合用在客厅及餐厅。长度几乎及地的窗帘会让窗户看起来更大,顶面更高,能增加整个空间的华贵感。

△ 餐厅窗帘的色彩与桌布相呼应

◆ 卧室的窗帘搭配

卧室窗帘的色彩、纹样要与床品相呼应，以达到与空间整体协调的目的。通常遮光性是选购卧室窗帘的第一要素，棉、麻质地或者是植绒、丝绸等面料的窗帘遮光性都不错。也可以采用纱帘加布帘的组合，外面一层选择比较厚的麻棉布料，用来遮挡光线、灰尘和噪音，营造安静的休憩环境；里面一层可用薄纱、蕾丝等透明或半透明的面料，主要用来营造浪漫的情调。

△ 窗帘与床品之间的撞色给空间带来富有冲击力的视觉体验

◆ 儿童房的窗帘搭配

出于安全健康的考虑，儿童房的窗帘应该经常换洗，所以应选择棉、麻这类便于洗涤更换的窗帘。常见的儿童房窗帘图案有卡通类、花纹类、趣味类等。

卡通类的窗帘上通常印有儿童较喜欢的卡通人物或者图案等，色彩艳丽，形象活泼，能营造欢快的气氛。花纹类的窗帘颜色浅淡，印有花卉、树叶或条纹等图案，整体感觉比较素雅，适合女孩房间使用。趣味类的窗帘会印制一些迷宫、单词、字母或棋盘等游戏画面，使窗帘成为孩子们的娱乐形式之一。

△ 带有可爱卡通图案的窗帘是儿童房的最佳选择

布艺窗帘的装饰性强，适合不同风格的厨房，也受到不少年轻人的喜爱。设计时可将厨房窗户分为三等分，上下透光，中间拦腰悬挂一抹横向的小窗帘，或者中间透光，上下两边安装窗帘。这样，不仅能保证厨房空间具有充足的光线，同时又能阻隔外界的视线，不做饭的时候可以放下窗帘达到美化厨房的目的。

卫浴间较为潮湿，容易滋生霉菌，因此窗帘款式应以简洁为主，好清理的同时也要易拆洗，尽量选择能防水、防潮、易清洗的布料，特别以经过耐脏、阻燃等特殊工艺处理的布料为佳。同时，卫浴间也是比较私密的空间，朝外的窗帘应该还选择遮光性较好的材质。

黄金法则和常用技巧

上下开合的罗马帘，简约大方，适合较小的窗户，可以为卫浴间加分不少，但应挑选具有防水防潮性能的面料。

△ 厨房的窗户中间透光，上下两边安装窗帘，兼具实用性与装饰性

△ 扇形罗马帘可为欧式风格的卫浴间增彩，但注意应采用具有防水防潮性能的面料

二 床品布艺搭配

① 搭配重点

　　床品的重要性在卧室的软装系统中占有很大的比重。常规的处理是将床品的被面、压毯和靠枕等看成一个整体，与空间硬装的色彩体系保持一致，可以考虑利用图案和纹样作出统一中的变化。

　　床品首先要与卧室的装饰风格保持一致，自然花卉图案的床品搭配田园格调十分恰当；抽象图案则更适宜简洁的现代风格。其次，床品在不同主题的居室中，选择的色调自然不一样。对于年轻女孩来说，粉色是常见的选择，粉粉嫩嫩可爱至极；成熟男士则适用蓝色，蓝色代表理性，给人以冷静之感。

△ 蓝色床品体现成熟男士的理性

△ 粉色床品适合年轻女性的卧室

△ 抽象纹样的床品

△ 自然花卉图案的床品，床品与窗帘选用同样的纹样

△ 床品选择与窗帘色相一致的面料，让卧室更有整体感

为了营造安静美好的睡眠环境，卧室墙面和家具的色彩都会偏向柔和，床品选择与之相同或者相近的色调绝对不会出错，统一的色调也能营造舒适的睡眠氛围。如果想增添生机，选择带有轻浅图案的面料，能打破色调单一的沉闷感。

黄金法则和常用技巧

材质上，如果选择与窗帘、沙发或靠枕等布艺一致的面料作为床品，能让卧室更有整体感。

△ 选择与墙面色调相同或相接近的床品是相对稳妥的方式

△ 床品与墙面的主色形成撞色，但是与墙面纹样中的点缀色颜色一致，形成呼应

❷ 配色法则

床品的色彩和图案直接影响卧室装饰的协调性，从而影响睡眠质量。因此，在确定床品材质后，一定要根据卧室风格慎重选择床品的色彩和图案。

卧室主体颜色是整体，床品是局部，所以不能喧宾夺主，只能起点缀作用，要有主次之分。床品的色彩和图案要遵从窗帘和地毯的系统，最好不要独立存在，哪怕是希望形成撞色风格，色彩也要有一定的呼应。

如果卧室的主体颜色是浅色，床品的颜色再搭配浅色，容易显得苍白、平淡，没有色彩感。这种情况下建议床品可搭配一些深色或鲜艳的颜色，如咖啡色、紫色、绿色、黄色等，整个空间就显得富有生机。反之，卧室主体颜色是深色，床品应选择一些浅色或鲜亮的颜色，如果再搭配深色床品，就会显得沉闷、压抑。

△ 点缀两个高纯度色彩的靠枕单品形成色彩上的对比

黄金法则和常用技巧

床品包括床单、被子、枕头以及靠枕等，其中靠枕更能起到画龙点睛的作用。靠枕单品之间完全同花色是最保守的选择；要效果更好，则需采用同色系不同图案的搭配法则，甚至可以将其中一两件小单品设置成对比色，如此一来，床品才能作为卧室软装的重头戏为房间增色。

△ 为了营造安静美好的睡眠环境，床品通常选择与卧室主体颜色相似的颜色

3 氛围营造

　　床品是卧室的最好装饰，搭配得好能给卧室增添美感与活力。现代软装中不再把床品当作耐用品，居住者会选择多套床上用品，依据季节和心情的不同来搭配。掌握一定的搭配技巧，用不同的床品来打造卧室不同的氛围感，无疑是一种既简单又省钱的好方法。

素雅氛围		营造素雅氛围的床品通常采用单一色彩，没有中式的大红大紫，也没有欧式的富丽堂皇。在花纹上，不采用传统的花卉图案，常常是线条简略的经典条纹、格子的纹样
奢华氛围		营造奢华氛围的床品多采用象征身份与地位的金黄色、紫色、玉粉色为主色调，用料讲究，多为高档舒适的提花面料。大气的大马士革图案、丰富饱满的褶皱、精美的刺绣和镶嵌工艺都是奢华床品的常用装饰手法
自然氛围		搭配自然风格的床品，通常以一种植物花卉图案为中心，辅以格纹、条纹、波点、纯色等，忌多种花卉图案混杂
梦幻氛围		想要营造梦幻氛围的女孩房床品，粉色系是不二之选，轻盈的蕾丝、多层荷叶花边、蝴蝶结等都是很好的造梦元素

活泼氛围		格纹、条纹、卡通图案是男孩房床品的经典纹样，强烈的色彩对比能衬托出男孩活泼、阳光的性格特征,面料宜选用纯棉、棉麻混纺等亲肤的材质
知性氛围		有规则的几何图形能带来整齐、冷静的视觉感受，选用这类的图案打造知性干练的卧室空间是非常不错的选择
个性氛围		动物皮毛、仿生织物的点缀可以打造十足的个性气息。但避免大面积使用，否则会让整套床品看起来臃肿浮夸
简约氛围		搭配耐人寻味的简约风格床品，纯色是惯用的手段，面料的质感是关键，压绉、衍缝、白织提花面料都是非常好的选择
传统氛围		打造传统氛围的床品可以用纹样体现中式传统文化的意韵，但可以突破传统中式的配色手法，利用这种新旧的撞击制造强烈的视觉印象

三 地毯布艺搭配

1 搭配重点

地毯不仅是提升空间舒适度的重要元素，其色彩、图案、质感也在不同程度上影响着空间的装饰氛围。可以根据空间整体风格，选择与之适应的地毯，让装饰主题更明确。

地毯可以用来分隔空间，挑选一两块地毯铺在就餐区和会客区，空间布局即刻一目了然。如果整个房间通铺长绒地毯，能起到收缩面积感，降低房高的视觉效果。地毯的色彩尤为重要，深色地毯的收敛效果更好。相比大房间，小房间里的地毯应更加注意与整体装饰色调和图案的协调统一。

有些空间中会选择一些圆形的家具、灯饰或者镜子，为了强调这个物件，可以选择一条圆形地毯与这个物件形成呼应。例如在玄关处，有一面圆形的穿衣镜，那么此时可以搭配一条小尺寸的圆形地毯，非常有型。如果餐厅的吊顶和餐桌都是圆形的，也可以搭配一条好看的圆形地毯，这样使整个空间的设计更加连贯。

△ 大面积的长绒地毯可收缩大空间的面积感

黄金法则和常用技巧

在空间面积偏小的房间中，应格外注意控制地毯的面积，铺满地毯会让房间显得过于拥挤，最佳面积应是地面总面积的 1/2 ~ 1/3 之间。

△ 圆形地毯与家具的造型形成一种融合感

② 配色法则

一般来说，只要是空间中已有的颜色，都可以作为地毯颜色，但还是应该尽量选择空间中面积最大、最主要的颜色，这样搭配比较保险。地毯底色应与室内主色调相协调，最好与家具、墙面的色彩相协调，容易让人觉得舒适和谐，不宜反差太大。

在光线较暗的空间里选用浅色的地毯能使环境变得明亮，例如纯白色的长绒地毯与同色的沙发、茶几、台灯搭配，能呈现出一种干净纯粹的氛围。如果家具颜色比较丰富，也可以选择白色地毯来平衡色彩。在光线充足、环境色偏浅的空间里选择深色的地毯，能增加空间的厚重感。例如面积不大的房间经常会选择浅色地板，正好搭配颜色深一点的地毯，会让整体风格显得更加沉稳。

△ 如果家具与地面色彩反差较大，选择两者的过渡色作为地毯的颜色，能让两者之间在视觉上形成平稳的过渡

黄金法则和常用技巧

将居室中的主要颜色作为地毯的色彩构成要素，这样选择起来既简单又准确。在保证色彩的统一谐调性之后，再确定图案和样式。

△ 地毯底色应与室内主色调相协调，营造一种和谐舒适的感觉

△ 纯色地毯

纯色地毯能营造素净淡雅的视觉效果，适用于现代简约风格的空间。相对而言，卧室更适合纯色的地毯，因为睡眠需要相对安宁的环境，繁杂或热烈色彩的地毯容易使心情激动振奋，影响睡眠质量。

如果是拼色地毯，主色调最好与某个大型家具的颜色形成和谐的色彩关系，比如红色和橘色，灰色和粉色等，和谐又雅致。

△ 拼色地毯

黄金法则和常用技巧

在沙发颜色较为素雅的情况，选择撞色搭配的地毯会形成惊艳的效果。例如黑白一直都是很经典的撞色搭配，黑白撞色地毯经常用在现代都市风格的空间中。

△ 黑白色地毯

花纹地毯		精致的小花纹地毯细腻柔美；繁复的暗色花纹地毯十分契合古典气质。地毯上的花纹一般是欧式、美式等家具上的雕花的图案，可带来高贵典雅的气息
几何纹样地毯		几何纹样的地毯简约又不失设计感，不管是混搭风格还是北欧风格的家居都很合适。有些几何纹样的地毯立体感极强，适合应用于光线较强的房间内
动物纹样地毯		时尚界经常会采用豹纹、虎纹为设计要素。动物纹理天然地带着一种野性的韵味，这样的地毯让空间瞬间充满个性
植物花卉纹样地毯		植物花卉纹样是地毯纹样中较为常见的一种，能给大空间带来丰富饱满的效果，在欧式风格中，多选用此类地毯营造典雅华贵的空间氛围

条纹地毯		简单大气的条纹地毯几乎适合于各种家居风格，只要在配色上稍加注意，基本就能适合各种空间
格纹地毯		在软装配饰纹样繁多的空间里，一张规矩的格纹地毯能让热闹的空间迅速冷静下来

③ 陈设方式

◆ 客厅地毯陈设

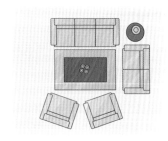

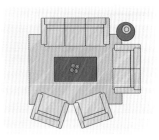

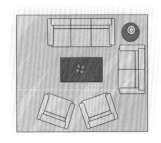

沙发椅子脚不压地毯边，只把地毯铺在茶几下面，这种铺毯方式是小客厅的最佳选择。

沙发或者椅子的前半部分压着地毯。这种方式使沙发区域更有整体感，但无论铺设，还是打扫地毯都比较不方便。

大客厅可将地毯完全铺在沙发和茶几下方，用地毯明确定义会客区域。注意沙发的后腿与地毯边应留出 15~20cm 的距离。

如果床摆在房间的中间，可以把地毯完全铺在床和床头柜下，一般情况下，床的左右两边和尾部应分别距离地毯边 90cm 左右，也可以根据卧室空间大小酌情调整。

地毯不压在床头柜下面，床尾露出一部分，通常情况约 90cm 左右，也可以根据卧室空间自由调整。床左右两边的露出部分尽量不要比床头柜的宽度窄。

如果卧室空间较小，床放在角落，那么可以在床边区域铺设一块条毯或者小尺寸的地毯。地毯的宽度大概是两个床头柜的宽度，长度跟床的长度一致，比床略长。

如果觉得在床和床头柜下方铺地毯太麻烦，最简便的方法就是在床的左右两边各铺一块小尺寸的地毯，宽度约和床头柜同宽，或者稍微宽一些，地毯长度可以与床的长度等同，或稍长一点。

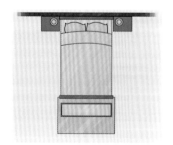

如果床两边的地毯跟床的长度一致，那么床尾也可选择一块小尺寸地毯，地毯长度和床的宽度一致。地毯的宽度不超过床长度的一半。或者单独在床尾铺一块地毯。

四 靠枕布艺搭配

① 配色法则

靠枕在家居软装中扮演着重要的角色，为不同风格的家居空间搭配不同颜色的靠枕，能营造出不一样的空间美感。

靠枕颜色众多，还有各种图案、纹理、刺绣的靠枕。因此在为空间搭配靠枕的时候，要控制好靠枕与家居色彩的平衡。

当家居的整体色彩比较丰富时，靠枕的色彩最好采用同一色系且淡雅的颜色，以压制住整个空间的色彩，避免家居环境显得杂乱。如果室内的色调比较单一，则可以在靠枕上使用一些色彩强烈的对比色，不仅能起到活跃氛围的作用，而且还可以让空间的视觉层次显得更加丰富。当家居整体配色为冷色调时，可以适当搭配色彩艳丽的靠枕作为点缀，能够制造出夺目的视觉焦点。

此外，靠枕的颜色可以和空间中的某个装饰品的颜色一致。比如房间中的灯饰很华丽精致，那么可以按灯饰的颜色选择靠枕，起到呼应的作用。

△ 前后叠放的靠枕可让大的单色靠枕在后，小的图案靠枕在前

△ 整体色彩比较丰富的空间可选择同一色系的靠枕

黄金法则和常用技巧

靠枕如果呈前后叠放，应尽量挑选单色系的与带图案的靠枕组合，大的单色靠枕在后，小的图案靠枕在前，这样在视觉上能够显得更加平稳。

△ 色彩对比强烈的靠枕在中性色空间中起到活跃氛围的作用

靠枕图案是家居空间的个性展示，但在使用时要注意合理恰当。图案夸张、个性的靠枕少量点缀即可，以免制造出凌乱的感觉。

中式风格空间的靠枕通常选择带有寓意吉祥的传统图案的；简约风格的空间则可选择条纹或几何图案的靠枕；如果整体的家居设计个性张扬，则可以选择具有夸张图案或者拼贴图案的靠枕；如果喜欢文艺的感觉，可以搭配一些以艺术绘画图案作为纹样的靠枕；此外，在给儿童准备靠枕时，可以是带有卡通动漫图案的。

△ 图案夸张的靠枕彰显居住者的个性

紫色、棕色、深蓝色的靠枕带有浓郁的宫廷感，厚重而典雅，并且透露着浓郁的怀旧气息，因此比较适合运用在古典中式以及古典欧式的家居空间中。

△ 带有吉祥寓意图案的中式靠枕

△ 几何图案的靠枕具有现代简约的气质

◆ 对称摆设法

不管是放在沙发上、床上或者飘窗上，如果把几个不同的靠枕堆叠在一起，都会让人觉得拥挤、凌乱。可以将靠枕对称放置，制造出整齐有序的视觉效果。如根据沙发的大小可以左右各摆设一个、两个或者三个靠枕，但要注意，在选择靠枕时，除了尺寸，色彩和款式上也应该尽量根据平衡对称的原则进行选择。

◆ 随意摆设法

将靠枕对称摆放虽然可以加强空间的平衡感，但也容易形成单调乏味的感觉，因此可以尝试更具个性的随意摆设法。如在沙发的一头摆放三个靠枕，另一侧摆放一个靠枕，这种组合方式比对称的摆放更富变化。需要注意的是，采取随意摆放时，靠枕的大小、款式以及色彩也应该尽量接近或保持一致，以实现沙发区域的视觉和谐。由于人总是习惯性地第一时间把目光的焦点放在右边，因此，将多数的靠枕最好摆在沙发的右侧。

◆ 大小摆设法

如果靠枕的大小不一样，在摆放时应该遵循远大近小的原则。具体是指越靠近沙发中部，摆放的靠枕应越小。这是因为离人的视线越远，物体看起来越小，反之物体看起来越大。因此，将大靠枕放在沙发左右两端，小靠枕放在沙发中间，在视觉上更为平稳舒适。

◆ 里外摆设法

在最靠近沙发靠背的地方摆放大一些的方形靠枕，然后中间摆放相对较小的方形靠枕，最外面再适当增加一些小腰枕或糖果枕。如此一来，不仅看起来层次分明，而且能提升沙发的使用舒适度。此外，有的沙发座位比较宽，通常需要由里至外摆放几层靠枕垫背，这时也应遵循这条原则。

灯光照明设计

一 灯光的物理属性

在软装设计中，灯光设计是一项不可或缺并且专业性极强的重要内容。在对其进行深入学习之前，首先应了解一下关于光的各种物理属性。

① 色温与照度

◆ 色温

其中色温和照度是光的两个重要的物理属性。

色温是指不同能量的光波，人眼所能感受的不同的颜色，是用来表示光源光色的物理量，单位是开尔文，单位符号是 K。空间中不同色温的光线，会最直接地决定照明所带给人的感受。日常生活中常见的自然光源，泛红的朝阳和夕阳色温较低，中午偏黄的白色太阳光色温较高。色温低的光线会带点橘色，给人以温暖的感觉；色温高的光线接近白色或蓝白色,给人清爽、明亮的感觉。

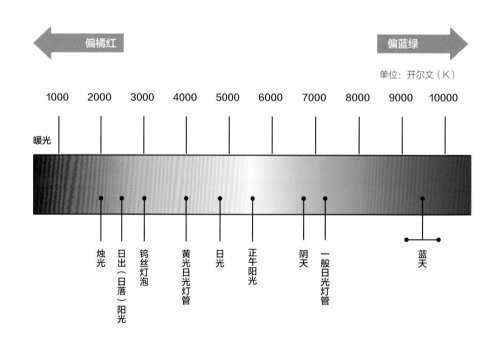

◆ **照度**

　　照度是指被照物体在单位面积上所接收的光通量，单位是勒克斯，单位符号为 lx，通俗地讲某个空间够不够亮，就是指照度够不够。在精装房照明的设计中，通常结合光照区域的用途来决定该区域的照度，最终根据照度来选择合适的灯具。例如书房整体空间的一般照明亮度约为 100lx，但阅读时的局部照明则需要照度至少到 600lx，因此可选用台灯作为局部照明的灯具。

室内空间推荐照度范围

空间区域	平均照度 / 勒克斯
室外入口区域	20~50
过道等短时间停留区域	50~100
衣帽间、门厅等非连续工作用的区域	100~200
客厅、餐厅等简单视觉要求的房间	200~500
有中等视觉要求的区域，如办公室、书房、厨房等	300~750

2 **其他物理属性**

◆ **显色性**

　　不同光谱的光源照射在同一颜色的物体上时，物体会呈现出不同的颜色。光的这种特性即为显色性，通常用显色指数（Ra）来表示。光源的显色指数愈高，其显色性能愈好，更能还原物体本身的色彩。

◆ **阴影**

　　有光的地方，必然有阴影的存在，从物理学的角度来说，影子是由于光线被物体遮挡后所形成的阴暗区域，因此，影子的存在也是对光的物理属性的一种表现。

◆ **稳定性**

　　在光的各种物理属性中，稳定性其实是对光照度的一个补充，也可将其称为光的照度稳定性。如果照明环境出现忽明忽暗的光照效果，说明光源的照度不够稳定，需要加以改善。

◆ **光色**

　　指光源的颜色，是光的物理属性之一。从前人们认为光是无色的，但 1666 年，通过棱镜的折射，牛顿发现不同波长的光有不同的颜色。

◆ **眩光**

　　眩光是一种由光的物理属性所引发的视觉感应，这种视觉感应会让观者的双眼感到不适，加速视觉疲劳。眩光的产生是由于光源的亮度、位置、数量、环境等多方面原因共同作用的结果。

二 **光源（灯泡）类型与特点**

　　照明设计得宜，可以让空间更舒适，其中的关键在于灯泡的选择。由于目前普遍要求节能，发光效率低的白炽灯在逐步减少，广泛使用的是 LED 灯，不仅耗电量低，而且寿命是白炽灯的 20 倍。荧光灯虽然没有 LED 灯节能，但它同样性能好、寿命长，并且灯管的形状种类比较多。具体选择时，需要从灯具款式、灯泡价格以及开灯的时间等因素来考虑使用何种灯泡。

光源		优缺点	适用场合
白炽灯		灯体散发出光影具有质感，显色度好，即使频繁开关，也不会影响灯泡寿命 比较耗电，损耗率高	需要对所照亮的物体进行美化的地方、需要白炽灯所产生的热度的地方
LED 灯		亮度高，发光效率佳，耗电少，可结合调光系统调节色温和亮度，营造不同的空间意境 投射角度集中	长时间开灯的房间、高处等不便于更换灯泡的地方
荧光灯		耗电少，光感柔和，大面积泛光功能性强 不可调节亮度，光影欠缺美感	需要均匀光线，长时间开灯的房间

三 照明灯饰类型

1 吊灯

烛台吊灯的灵感来自欧洲古典的烛台照明方式；水晶吊灯是吊灯中应用最广的，风格上包括欧式水晶吊灯、现代水晶吊灯两种类型；吊扇灯与铁艺材质的吊灯比较贴近自然，所以常被用在乡村风格当中；现代风格的艺术吊灯款式众多，主要有玻璃材质、陶瓷材质、水晶材质、木质材质、布艺材质等类型。从造型上来说，吊灯分单头吊灯和多头吊灯，前者多用于卧室、餐厅，后者宜用在客厅、酒店大堂等，也有些空间采用单头吊灯自由组合。从安装方式上来说，吊灯分为线吊式、链吊式和管吊式三种。

△ 单头吊灯

△ 管吊式吊灯

△ 线吊式吊灯

△ 链吊式吊灯

△ 多头吊灯

2 吸顶灯

吸顶灯适用于层高较低的空间，或是兼有会客功能的多功能房间。因为吸顶灯底部完全贴在顶面上，特别节省空间，不会像吊灯那样显得累赘。一般而言，卧室、卫浴间和客厅都适合使用吸顶灯，有单灯罩吸顶灯、多灯罩组合顶灯、装饰吸顶灯。吸顶灯根据使用光源的不同，可分为普通白炽吸顶灯、荧光吸顶灯、高强度气体放电灯、卤钨灯等。

△ 吸顶灯适用于层高偏矮的简约风格空间

❸ 筒灯

筒灯是比普通明装灯饰更具聚光性的一种灯饰，嵌装于吊顶内部，所有光线都向下投射，属于直接配光。筒灯的最大特点就是不会因为灯饰的设置而破坏吊顶的整体感，从而保持整个空间的规整统一。而且筒灯不占据空间，不会产生空间压迫感，如果想营造温馨柔和气氛，可装设多盏筒灯。

筒灯有明装筒灯与暗装筒灯之分，根据灯管大小，主要有5寸的大号筒灯，4寸的中号筒灯和2.5寸的小号筒灯等。一般安装距离在1~2m，或者更远。

❹ 射灯

射灯既能作主体照明满足室内采光需求，又能作辅助光源烘托空间气氛，是典型的具有现代感的灯饰。

射灯的光线具有方向性，而且在传播过程中光损较小，将其光线投射在摆件、壁饰、挂画等软装饰品上，可以很好地提升装饰效果。此外，射灯也可以设置在玄关、过道等地方作为辅助照明。在各种灯饰中，射灯的光亮度往往是最佳的，如果使用不当，容易产生眩光。因此，应避免让射灯直接照射在反光性强的物品上。

△ 明装筒灯

△ 暗装筒灯

△ 轨道式射灯

5 壁灯

墙面灯饰通常使用壁灯。壁灯的投光可以向上或者向下，它们可以随意固定在任何一面需要光源的墙上，并且占用空间较小，因此使用率比较高。

客厅壁灯的安装高度一般控制在 1.7~1.8m，度数要小于 60 瓦为宜；床头安装的壁灯最好选择灯头能调节方向的，安装高度为距离地面 1.5~1.7m 之间，距墙面距离为 9.5~49cm 之间。玄关或者过道等空间的壁灯一般应光线柔和，安装高度应该略高于视平线。卫浴镜前的壁灯一般安装在镜子两边，如果想要安装在镜子上方，壁灯最好选择灯头朝下的类型。

△ 壁灯是一种安装于墙面的辅助性灯饰

6 台灯

台灯主要放在写字台、边几或床头柜上作为书写阅读之用。大多数台灯由灯座和灯罩两部分组成，一般灯座由陶瓷、石质等材料制作成，灯罩常用玻璃、金属、亚克力、布艺、竹藤做成。

客厅中的台灯一般摆设在沙发一侧的角几上，属于氛围光源，装饰性多过功能性；卧室床头台灯除了阅读功能之外，也用于装饰，一般灯座造型多样；书房台灯应适应工作和学习需要，宜选用带反射罩、下部开口的直射台灯，也就是工作台灯或书写台灯，台灯的光源常用白炽灯、荧光灯。

△ 卧室中的台灯通常作为辅助照明，方便居住者晚间在床上看书

7 地脚灯

地脚灯又称入墙灯，一般作为室内的辅助照明，如夜晚去卫生间，如果开普通灯会影响别人休息，而地脚灯由于光线较弱，安装位置较低，因此不会对他人造成影响。在室内安装地脚灯时，一般以距离地面 0.3m 为宜。

地脚灯采用的光源常见的有节能灯、白炽灯等。随着技术的进步，现在大多采用 LED 灯作为其光源。LED 地脚灯的光线柔和，而且还有无辐射、故障率低、维护方便、低耗电等优点。

△ 楼梯地脚灯在提供照明的同时营造氛围感

8 落地灯

落地灯一般布置在客厅和休息区域里，与沙发、茶几配合使用，以满足房间局部照明和点缀装饰家庭环境的需求。此外，在卧室、书房中也会使用，但是相对比较少见。

落地灯在造型上通常分为直筒落地灯、曲臂落地灯和大弧度落地灯。直筒落地灯最为简单实用，使用也很广泛，一般安置在角落里。曲臂落地灯最大优点就是可随意拉近拉远，配合阅读的姿势和角度，灵活性强。大弧度落地灯的典型造型是远远看去像一根钓鱼竿，也因此被称为鱼竿落地灯。

△ 直筒落地灯

△ 曲臂落地灯

△ 大弧度落地灯

四 照明配光方式

配光方式指的是使用不同的灯饰来调控光线的方向及照明范围。依照不同的设计方法，可大致分为直接照明与间接照明，在应用上又可细分成为半直接照明、半间接照明以及漫射型照明。一个空间可以运用不同配光方案营造出需要的光线氛围。

直接配光		所有光线向下投射，适用于想要强调某处的场合，但吊顶与房间的角落接收的光线很少，会显得很暗
半直接配光		大部分光线向下投射，小部分光线通过透光性的灯罩，投射向吊顶。这种形式可以缓解吊顶与房间角落过暗的现象
间接配光		先将所有的光线投射于吊顶上，再通过其反射光来照亮空间，能很好地杜绝眩光的产生，并容易创造出温和的氛围
半间接配光		大部分光线投射于吊顶上再反射回空间，小部分光通过从灯罩向下投射，这种照明方式同样较为柔和
漫射型配光		利用透光的灯罩将光线均匀地漫射出来，照亮整个房间。相比前几种照明方式，更适合于宽敞的空间使用

五 不同布光方式的氛围营造

以不同的光线来照射吊顶、墙面与地面等不同界面，会改变房间的整体印象。如果想要营造出柔和氛围，需要在地面、墙面与吊顶整体朦胧地布光，只照亮地面和墙面。如果想要房间显得明亮，同时更具视觉上的宽敞感，可使用光线向上的落地灯与壁灯照亮吊顶与墙面。

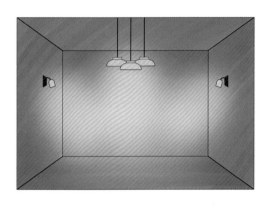

均匀的光线发散至整个房间，地面、墙面与吊顶三处没有明显的明暗对比，给人一种柔和的印象。

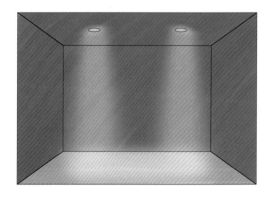

利用房间的顶灯或筒灯进行定向照明，强调地面，这种布光方式可以营造出戏剧性的非日常氛围。

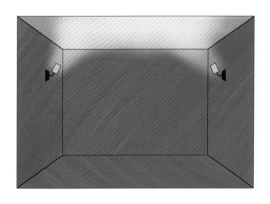

利用射灯照亮吊顶则强调上方的空间，从视觉上显得顶面更高，在更加宽敞的房间内更能凸显其效果。

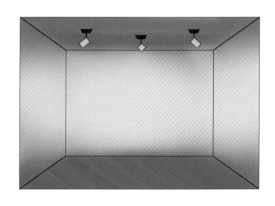

利用射灯照亮墙面，营造出横向的宽敞感，如果将光线打在艺术作品上，能产生美术馆式的效果。

① 一般式照明

一般式照明是为了达到最基础的功能性照明，不考虑局部的特殊需要，起到让整个家居照明亮度分布比较均匀的效果，使整体空间环境的光线具有一体性。一般式照明采用的光源功率较大，而且有较高的照明效率。例如客厅或卧室中的顶灯达到的就是一般照明的效果。它可以使整个空间在夜晚保持明亮，满足基础性的灯光要求。

△　一般式照明

② 局部式照明

局部式照明是为了满足室内某些区域的特殊需要，设置一盏或多盏照明灯饰，为该区域提供较为集中的光线。局部式照明能在小范围内以较小的光源功率获得较高的照度，光的亮度和方向一般来说也易于调整。这类照明方式适合于一些照明要求较高的区域，例如在床头安设床头灯，或在书桌上添加一盏照度较高的台灯，满足工作阅读需要。

△　局部式照明

③ 定向式照明

定向式照明是为强调特定的目标和空间而采用的一种高亮度的照明方式，可以对光源的色彩、强弱以及照射面的大小进行合理调配，按需要突出某一主题或局部。在室内灯光布置中，采用定向照明通常是为了让被照射区域取得集中而明亮的照明效果，所需灯饰数量应根据被照射区域的面积来定。最常见的定向式照明就是餐厅的餐桌上方。

△　定向式照明

④ 重点式照明

重点式照明更偏向于装饰性，其目的是对一些软装配饰或者精心布置的空间区域进行塑造，增强被照物的质感和美感，帮助其成为视觉焦点。除了常用的射灯以外，线型灯光也能形成重点照明效果，但其光线比射灯更加柔和。

⑤ 混合式照明

混合式照明是由一般照明和局部照明组成的照明方式。简单地说，这种照明方式其实是在一般式照明的基础上，视不同需要，加上局部式照明、定向式或重点式的照明，使整个室内空间有一定的亮度，又能满足特殊区域的照明需要，这是目前室内空间中应用得最为普遍的一种照明方式。

⑥ 无主灯式照明

无主灯时照明是现代风格的一种设计手法，追求空间极简的效果。但这并不等于没有主照明，只是将照明设计成了藏在顶棚里的隐藏式。主灯服从于吊顶风格达到见光不见形，并让室内有均匀的亮度。

黄金法则和常用技巧

无主灯的照明方式其实比外挂式照明在设计上要求更高，装修时首先要吊顶，要考虑灯光的多种照明效果和亮度，吊顶和主体风格的协调，以及吊顶后对空间的影响。

△ 重点式照明

△ 混合式照明

△ 无主灯式照明

七 空间照明方案

1 玄关照明

玄关灯饰的选择一定要与整个家居的装饰风格相搭配。如果是现代简约的装修风格，玄关灯饰也要以简约为主，一般选择灯光柔和的筒灯或者隐藏于顶面的灯带进行装饰；欧式风格的别墅，通常会在玄关正上方安装大型多层复古吊灯，灯的正下方摆放圆桌或者方桌搭配相应的花艺，营造高贵隆重的仪式感。

玄关一般都不会紧挨窗户，要想利用自然光来进行采光比较困难，而合理的灯光设计不仅可以提供照明，还可以烘托出温馨的氛围。除了一般式照明外，还可在鞋柜中间和底部设计间接光源，方便客人或家人外出换鞋时使用。如果有绿植、装饰画、摆件等软装配饰时，可采用筒灯或轨道灯形成重点式照明。

黄金法则和常用技巧

玄关的照明一般比较简单，只要亮度足够，能够保证采光即可，建议灯光色温控制在约 2800K 左右即可。

△ 大面积玄关除了主灯外，通常会设置辅助光源增加装饰效果

△ 简约风格玄关一般通过筒灯和隐藏于顶面的灯带进行照明

△ 欧式风格玄关通常会在主灯下方摆设圆形或半圆形的玄关桌及花艺，增加仪式感

241

❷ 客厅照明

客厅通常会运用整体照明和辅助照明互相搭配，一般以一盏大方明亮的吊灯或吸顶灯作为主灯，搭配其他多种辅助灯饰，如壁灯、筒灯、射灯等。如果是要经常坐在沙发上看书，建议用可调的落地灯、台灯来做辅助，满足阅读亮度的需求。如果客厅较大而且层高在 3m 以上，宜选择大一些的多头吊灯；高度较低、面积较小的客厅应该选择吸顶灯，因为光源距地面 2.3m 左右，照明效果最好。

客厅电视机附近需要有低照度的间接照明，来缓冲夜晚看电视时电视屏幕与周围环境的明暗对比，减少视觉疲劳。如在电视墙的上方安装隐藏式灯带，光源色的选择可根据墙面的颜色而定。沙发区的照明不能只是为了突出墙面上的装饰物，同时要考虑坐在沙发上的人的感受，可以选择台灯或落地灯放在沙发的一端。客厅空间中可以对某些需要突出的饰品进行重点投光，使该区域的光照度大于其他区域，营造醒目的效果。如可在挂画、花瓶以及其他工艺品摆件上方安装射灯。

顶灯通常具有较好的装饰功能，并与筒灯以及四周隐藏的灯带提供客厅空间的主要照明

& 鼎贺设计

小吊灯与搁板下方的灯带提供重点照明，赋予装饰品更强的立体感

& 近境制作

△ 沙发墙区域的照明光线不宜过强，可通过灯带与台灯等满足亮度需求

△ 电视墙区域提供低照度的间接照明，满足观看影视的需求

❸ 餐厅照明

餐厅照明应以餐桌为重心确立一个主光源，再搭配一些辅助光源，灯饰的造型、大小、颜色、材质，应根据餐厅的面积、餐桌椅、周围环境的风格作相应的搭配。从实用的角度来看，在餐桌上方安装吊灯照明是个不错的选择，如果还想加入一些氛围照明，那么可考虑在餐桌上摆放一些烛台，或者在餐桌周围的环境中，加入一些辅助照明。

餐厅以低矮悬吊式照明为佳，为更好地对餐桌上的食物形成重点照明，灯饰的高度不宜太高，但也不能过低，不能遮挡就餐人的脸。通常灯饰最佳高度为离地185cm左右，搭配约75cm的餐桌高度。

黄金法则和常用技巧

想要让灯饰与下方餐桌区互相搭配，就要让两者在某个方面形成呼应。例如可以选择与餐桌造型接近的灯饰，或者在图案、色彩等方面形成呼应，也可以考虑使灯饰与餐椅在材质、纹理、配色等方面形成呼应。

△ 大小不一的多盏吊灯高低错落地悬挂，活跃就餐气氛

△ 单盏吊灯具有聚焦视觉的效果，同时多个灯头的设计可为餐厅提供充足的整体照明

△ 将三盏同款的红色吊灯依次排开形成照明灯组，散发出的光能够完全覆盖下方的就餐区域

❹ 卧室照明

选择卧室灯饰及安装位置时要避免眩光。低照度、低色温的光线可以起到促进睡眠的作用。卧室内灯光的颜色最好是中性色或者橘色、淡黄色等暖色，有助于营造舒适温馨的氛围。卧室顶面避免使用太花哨的悬顶式吊灯，会使房间产生许多阴暗角落，也会在头顶形成太多的光线，甚至造成一种紧迫感。

卧室的照明分为整体照明、床头局部照明、衣柜局部照明、重点照明等。整体照明可以装在床尾的顶面，避开躺在床上时光线会直接进入视线的位置。床头的局部照明是为了方便阅读等睡前活动和起夜设置的，在床头柜上摆设台灯是常见的方式。衣柜的局部照明，是为了方便使用者在打开衣柜时，能够看清衣柜内部的情况。衣帽间需要均匀、无色差的环境灯，镜子两侧应设置灯带，衣柜和层架应有补充照明。最好选用发热较少的 LED 灯饰。卧室床头背景墙如果有一些特殊装饰材料或精美的饰品，就可以用筒灯形成重点照明，烘托气氛。但需要注意灯光尽量只照在墙面上，否则躺在床上向上看的时候会觉得刺眼。

△ 卧室中安吊灯的前提是需要有足够的层高，并且应安装在床尾上方的位置

△ 卧室的衣帽间除了顶面的灯带之外，还可在收纳柜内部装设灯带作为补充照明

△ 卧室床头的局部照明是为了阅读等睡前活动和起夜设置的

5 书房照明

　　书房的照明应符合一般的学习和工作的需要。书房需要平和安宁的氛围，一定不能使用斑斓的彩光照明，或者是光线花哨的镂空灯饰。尤其是书桌上配置的台灯要足够明亮，不宜选择纱、罩、有色玻璃等装饰性灯饰，以达到清晰的照明效果。书房中的灯饰避免安装在座位的后方，如果光线从后方打向桌面，会产生阴影。书桌上方可以安装具有定向光线的可调角度灯饰，既保证光线的强度，也不会看到刺眼的光源。

△ 通过筒灯与隐藏的灯带作为书房的光源，满足照明需要的同时 还能起到烘托氛围的作用

△ 具有定向光线的可调角度灯饰是书桌区域的常用照明

& 创时空设计

6 厨房照明

厨房照明以提供烹饪工作所需光线为主要目的，建议使用日光型照明。除了在厨房上方装置顶灯，还应在操作台面上增加照明设备。安装灯饰的位置应尽可能地远离灶台，避开蒸汽和油烟，并要使用安全插座。灯饰的造型应尽可能简单，把功能性放在首位，最好选择外壳材料不易氧化和生锈的灯饰，或者是表面具有保护层的灯饰。

厨房的照明基本会组合整体照明、操作区局部照明、水槽区局部照明。整体照明最好采用顶灯或筒灯的设计。厨房的油烟机上面一般都带有小瓦数的照明灯，使灶台上方的照度得到了很大的提高。厨房里的水槽多数都是位于空间边缘的，晚上当人站着水槽前正好会挡住光源，所以需要在水槽的顶部预留光源。

△ 厨房中的灯具应远离灶台的位置，同时宜选择表面不易氧化和生锈的材质

△ 厨房的吊柜下方安装灯带，增加操作台的亮度

△ 厨房临窗的水槽上方宜安装小吊灯作为辅助照明

7 卫浴照明

卫浴间的面积通常较小，应选择一款相对简洁的顶灯作为基本照明，可最大限度地降低灯饰对空间的占用率。在各种灯饰中，以吸顶灯与筒灯为最佳选择。但如果卫浴间的层高足够高挑，那么可考虑选择一款富有美感的装饰吊灯作为照明灯饰。

在通常情况下，如果镜前区域的灯光没有太高的要求，可在镜面的左右两侧安装壁灯。盥洗台面盆区域的照明可考虑在面盆正上方的顶面安装筒灯或吊灯，能同时照亮镜面与面盆区。座便区的照明灯饰，应当将实用性放在首位，即使仅仅为其安装一盏壁灯，也可起到良好的照明效果。

黄金法则和常用技巧

如果卫浴空间比较狭小，可以将灯饰安装在吊顶中间，这样光线四射，对空间有视觉上的扩大作用。面积较大的卫浴间的照明可以用顶灯、壁灯、筒灯等组合照明的方式。

△ 梳妆镜的四边安装灯带

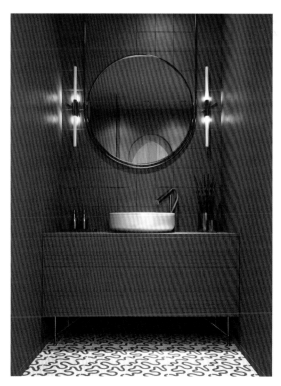

△ 卫浴间的灯饰应具备防水和易清洁等特点

△ 梳妆镜的左右两侧安装壁灯

装饰摆件陈设

一 花艺陈设

1 东西方花艺特征

东方花艺是以中国和日本花艺风格为代表的插花艺术。根据考证，中国是东方花艺的起源地。

东方花艺注重意境和内涵的表达。用花数量上不求多，一般只用寥寥几枝，多用纸条勾勒线条。东方插花崇尚自然，讲究优美的线条和自然的姿态。构图布局高低错落，俯仰呼应，疏密聚散。按植物生长的自然形态，又有直立、倾斜和下垂等不同的造型形式。

西方花艺有欧式花艺、美式花艺等艺。西方花艺具有西方艺术的特色，相比花材个体的线条美和姿态美，更强调作品整体的艺术效果。造型较整齐，多以几何图形构图，讲究对称与平衡。花艺色彩力求丰富艳丽，着意渲染浓郁的气氛。花材种类多，用量大，追求繁盛的视觉效果。西方式花艺常见的有半球形花艺、三角形花艺、圆锥形花艺等类型。

△ 东方式花艺

△ 西方式花艺

② 花器造型分类

花器从造型上可笼统分为台式花器、悬挂花器和壁挂花器，其中台式花器最为常见，例如瓶、盘、钵、筒，以及异形花器。

瓶类花器是东方花艺最为常用的，其形状特色是身高、口小和腹大。由于瓶口较小，瓶花构图紧凑，适宜表现花材的线条美，典雅飘逸；盘类花器底浅，口宽阔，多需要借助花插和花泥固定花材，有盘面空间的大、重心低、容花量多、稳定性好等特点，适合制作写景式花艺；钵类花器的特点是身矮口阔，其高度介于瓶类花器与盘类花器之间，外形稳重，内部空间大，容花量多；筒类花器口与底部上下大小相仿，质地多样，是中国传统花器之一；异形花器是典型的时代发展的产物，包括英文造型、多孔式、卡通形象、水果造型等。另外包装盒、杯碗等生活用具也能作为插花的容器。

△ 瓶类花器

△ 钵类花器

△ 筒类花器

△ 异形花器

③ 花艺色彩搭配

花艺作品讲究花材与花器之间的和谐之美，特别是花器的颜色要与花的色彩相适宜。花材的颜色素雅，花器色彩不宜过于浓郁繁杂，花材的颜色艳丽繁茂，花器色彩可相对浓郁。一般来说，中性色如黑、白、金、银、灰等颜色的花器属于百搭款。

花材之间可以用多种颜色来搭配，也可以用单种颜色，要求配合在一起的颜色能够协调。花艺中的青枝绿叶起着很重要的辅佐作用。枝叶有各种形态，又有各种色彩，如运用得体便能收到良好的效果。

△ 选择中性的白色花器，能更好地衬托出色彩艳丽的花材

△ 单种颜色的花材加入一些白色小花的点缀，给人以协调美感的同时又不显单调

△ 如果插花选用了多种颜色的花材，可考虑邻近色的搭配方案，例如红色与黄色的组合

二 工艺品摆件陈设

1 陈设原则

工艺品摆件就是平常用来布置家居的装饰摆设品，如瓷器、假书以及各种玻璃与树脂饰品等。室内空间中摆放一些精致的摆件，不仅可以充分地展现居住者的个性，还可以提升空间的格调，但需要注意选择和搭配的要点。如果想让室内空间看起来比较有整体感，选择的摆件就要和室内的风格一致，例如在简约风格空间中使用比较简洁精致的摆件。但颜色方面可以和空间颜色形成对比，用摆件的颜色点亮空间。

黄金法则和常用技巧

通常同一个空间中的软装摆件数量不宜过多，陈设时要注意构图原则，避免形成不协调的视觉感。

△ 在中式风格空间中，陈设单个具有艺术价值的陶瓷摆件，可以形成视觉的焦点

△ 陈设工艺品摆件时要注意一定的构图原则，避免形成不协调的视觉感

△ 寓意吉祥的工艺品摆件非常引人注目，其高纯度的色彩具有很好的点睛作用

客厅是整间房子的中心，布置软装工艺品摆件要彰显居住者的个性。现代简约风格客厅应尽量挑选一些造型简洁的高纯度饱和色的摆件；新古典风格的客厅可以选择烛台、金属台灯等；乡村风格客厅经常摆设仿古做旧的工艺饰品，如表面做旧的铁艺座钟、仿旧的陶瓷摆件等；新中式风格客厅中，鼓凳、将军罐、鸟笼以及实木摆件能增加空间的中式禅味。

卧室需要营造轻松温暖的休息环境，装饰简洁和谐比较利于人的睡眠，所以饰品不宜过多，可以摆放花艺，点缀一些首饰盒、小工艺品摆件，就能提升空间的氛围。也可在床头柜上放一组照片配合花艺、台灯，能增添温馨感。

△ 鸟笼是中式风格客厅常见的工艺饰品

△ 卧室床头柜上的摆件也需要遵循一定的美学原则

&集奏设计

△ 金属烛台能很好地展现新古典风格客厅的贵族气息

餐厅工艺品摆件的主要功能是烘托就餐氛围，餐桌、餐边柜甚至墙面搁板上都可以摆设一些小饰品。花器、烛台、仿真盆栽以及创意铁艺小酒架等都是不错的选择。餐厅中的工艺品摆件成组摆放时，可以考虑采用三角形构图法或者与空间中局部硬装形式感接近的方式，从而产生递进式的层次效果。

书房空间以安静轻松的格调为主，所以工艺品摆件的颜色不宜太亮、造型避免太怪异，以免给进入该区域的人造成压抑感。现代风格书房在选择软装工艺品摆件时，要求少而精，适当搭配灯光效果更佳；新古典风格书房可以选择金属书挡、不锈钢烛台等摆件。

&上上国际设计

△ 餐桌上成组摆放的工艺品摆件呼应整体的轻奢格调，可以更好地烘托就餐氛围

&伊派设计

△ 如果书房中的开放式书柜面积较大，可考虑穿插摆设工艺摆件与书籍

厨房在家庭生活中起着重要的作用，选择工艺品摆件时尽量照顾到实用性，在美观基础上要考虑清洁以及防火和防潮等问题，玻璃、陶瓷一类的工艺品摆件是首选，尽量避免容易生锈的金属类摆件。此外，形状各异的草编或是木制的小垫子，如果设计得好，也会是厨房很好的装饰物。

卫浴间中常常有水气和潮气，所以通常选择陶瓷和树脂材质的工艺品摆件，这类装饰品即使颜色再鲜艳，在卫浴间也不会因为受潮而褪色变形，清洁起来也很方便。除了一些装饰性的花器、梳妆镜之外，比较常见的是洗漱套件，既具有美观的装饰性，同时还可以满足收纳所需。

△ 装饰性花器与洗漱套件使卫浴间看起来更加精致

△ 卫浴间的工艺饰品应具备防水和防潮的性能，可利用墙面壁龛或置物架进行陈设

△ 在厨房中，利用墙面搁板陈设碗碟与陶瓷工艺饰品是常用的手法

三 餐桌摆饰陈设

1 陈设重点

对于日常的餐桌摆饰，如果没有时间去精心布置，一块美丽的桌布或桌旗就能立刻改观用餐环境，如果不想让桌布遮盖桌面本身漂亮的纹理，可使用餐垫，既能隔热，又能很好地装饰餐桌。风格统一的成套系的餐具是餐桌是否精致美观的关键，材质与风格应与空间其他器具保持一致，色彩则需呼应用餐环境和光线条件，比如深色桌面搭配浅色餐具，而浅色桌面可以搭配多彩的餐具。

节假日和特殊的宴请则需要更用心地布置餐桌摆饰，可以愉悦家人，对客人表达尊重和重视。

黄金法则和常用技巧

节日的餐桌布置，首先需要在餐桌上放置鲜花，可以是一个大的花束，也可以是随意的瓶插。蜡烛是晚间用餐时间的亮点，需要的话，精致的名牌、卡片等可以给客人带来额外的惊喜。

△ 桌旗对于营造餐厅氛围起到很大的作用

△ 中餐餐具摆设方案

△ 西餐餐具摆设方案

餐桌摆饰是软装布置中重要的单项，它便于实施且富有变化，是家居风格和品质生活的日常体现，不同的软装风格对于餐桌摆饰的要求不同。

常见风格的餐桌摆饰方案

中式风格 餐桌摆饰	 & GNU 金秋设计	中式风格餐桌摆饰可以选择带有中式韵味的吉祥纹样的餐垫，质感厚重粗糙的餐具会使就餐意境变得古朴自然，清新稳重。此外，中式餐桌上常用带流苏的玉佩作为餐盘装饰
轻奢风格 餐桌摆饰		轻奢风格的餐桌摆饰追求精致轻奢的品质，往往呈现出强烈的视觉效果和简洁的形式美感。餐桌的中心装饰可以是黄铜材质制作的金属器皿或玻璃器皿
法式风格 餐桌摆饰		法式风格的餐桌摆饰以颜色清新淡雅为佳。餐具上的印花要精细考究，最好搭配同色系的餐巾，颜色不宜出挑繁杂。可以搭配花器、烛台和餐巾扣等银质装饰物，但体积不能过大，宜小巧精致
北欧风格 餐桌摆饰	 & 于非设计	北欧风格偏爱天然材料，原木色的餐桌、木质餐具能够充分体现这一点。几何图案的桌旗是北欧风格的不二选择。除了木材，还可以使用线条简洁、色彩柔和的玻璃器皿，以保留材料的原始质感为佳

墙面壁饰应用

一 装饰画应用

1 色彩搭配

通常装饰画的色彩分成两部分，一部分是画框的颜色，另外一部分是画面的颜色。装饰画要和室内环境的颜色相协调，这样才能给人和谐舒适的视觉效果。最好的办法是，装饰画画面的主色从主要家具中提取，而点缀的辅色从饰品中提取。

黄金法则和常用技巧

画框可以很好地提升装饰画的艺术性，画框颜色的选择要根据画面本身的颜色和内容来定。一般情况下，如果整体风格相对和谐、温馨的画面，画框宜选择墙面颜色和画面颜色的过渡色；如果画面整体风格相对个性，画框则偏向于选择墙面颜色的对比色，用色彩突出的画框，形成更强烈和动感的视觉效果。

△ 装饰画与靠枕、落地灯的色彩构成呼应关系，带来十分和谐的视觉美感

△ 原木色画框

△ 白色画框

△ 金色画框

△ 黑色画框

❷ 挂画尺寸

通常人站立时候视线的平行高度或者略低的位置是悬挂装饰画的最佳高度。如果是两幅一组的挂画，中心间距最好是在 7~8cm。这样眼睛看到这面墙，只有一个视觉焦点，才能让人觉得这两幅画是一组。

如果在客厅沙发墙上挂画，装饰画高度在沙发上方 15~20cm。餐厅中的装饰画要挂得低一点，因为一般都是坐着吃饭，视平线会降低。如果在空白墙上挂画，挂画高度最好是画面中心位置距地面 145cm 处。

如果装饰画前还摆放其他摆件，一般要求摆件的高度和面积不超过装饰画的 1/3，并且不能遮挡画面的主要兴趣点。当然，装饰画的欣赏更多是一种主观感受，只要能与环境协调，不必完全拘泥于特别的标准。

△ 客厅沙发墙上挂画，装饰画高度在沙发上方 15~20cm

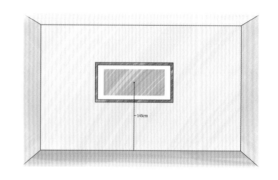

△ 空白的墙面上挂画，装饰画中心离地面约 145cm

△ 如果是两幅一组的装饰画，中间间距宜控制在 7~8cm

对称分布法		以中心线为基准，装饰画成左右或者上下对称分布，这种排列方式模仿中国传统建筑的对称格局，富有规整感。画框的尺寸、样式、色彩通常是统一的，画面内容最好是一个系列。如果想将不成套系的画芯搭配在一起，一定要放在一起比对，判断是否协调
对角线排列法		以对角线为基准，装饰画沿着对角线分布。组合方式多种多样，可以形成正方形、长方形、不规则形等
混搭式悬挂法		混搭悬挂法采用挂钟、工艺品壁饰来替代部分装饰画，混搭排列，形成更有趣、更有质感的展示区。适用于墙面和周边比较简洁的环境，否则会显得杂乱。尤其适合于乡村风格的空间
阶梯式排列法		楼梯的照片墙最适合用阶梯式排列法，核心是照片墙的下部边缘要呈现阶梯向上的形状，符合踏步而上的节奏。不仅具有引导视线的作用，而且具有浓厚的生活气息。这种装饰手法在早期欧洲盛行一时，特别适合层高较高的房子
搁板陈列法		将画直接或整齐或错落地直接排列在单层或多层搁板上。放置的顺序是小尺寸装饰画在前大尺寸装饰画在后，重点内容放在非重点内容前方，营造视觉上的层次感

二 装饰镜应用

1 造型分类

　　装饰镜主要分为有框镜和无框镜两种类型。无框镜适合现代简约的装饰风格，可将多块小镜子组合在一起，像装饰画一样，显得活泼有趣。太阳轮壁镜的整体造型是古老瑰丽的太阳图腾，金色光芒自然延展，线条感十足，装饰效果更强。法式风格家居的装饰镜常用雕刻繁复、精致华贵的边框。梅花镜是中式风格家居中常会用到的元素，带着充满禅意、宁静自然的感觉。

△ 无框装饰镜

△ 有框装饰镜

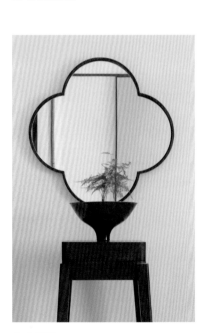

△ 梅花镜

△ 太阳轮壁镜

△ 多边形装饰镜

装饰镜有各种各样的造型，具有不同的视觉效果。通常，圆形镜更多地用于装饰；椭圆形装饰镜节省空间，并且可以照到全身的高度，具有更强的实用性；方形装饰镜基本以功能性为主，其中长方形镜具有最大反射面积，有很强的实用性；多边形与曲线形的装饰镜给人以视觉上的新颖感受。

装饰镜的镜面分为银镜、茶镜、灰镜等多种颜色，其中银镜是指用无色玻璃镀水银制成的镜子；茶镜用茶晶或茶色玻璃制成，具有现代感；灰镜用灰色玻璃制成，在简约风格的家居装饰中应用比较广泛。

△ 方形镜

△ 圆形镜

△ 椭圆形装饰镜

△ 灰镜

△ 银镜

△ 茶镜

客厅的装饰镜一般会选择挂放在沙发墙或边柜上方。在一些欧式风格的客厅空间中，在壁炉上方增添一面镜子，可增强空间的华丽感。此外，在客厅较为阴暗的角落处巧用装饰镜，也是很不错的选择。因为通常角落处的光线不足，空间也较为局促，镜子能反射光线，具有在视觉上增亮和扩大空间的作用。

餐厅中挂放装饰镜可以有效提升空间的艺术氛围。一些餐厅空间较为狭小局促，小餐桌选择靠墙摆放，容易给人压抑感，这时可以在墙上挂一面比餐桌稍宽的长条形状的装饰镜，扩大空间感的同时还能增添用餐情趣。如果餐厅中有餐边柜，也可以把装饰镜悬挂在餐边柜的上方，反射出桌子上的菜肴，可以增进食欲。

△ 在小面积餐厅空间中，装饰镜的运用可实现视觉上的扩容

△ 欧式风格的空间可选择在壁炉上方的墙面悬挂装饰镜

卧室的装饰镜可以直接挂在墙上或者放在地面，与床头平行放置是个不错的选择，最好不要正对着床或房门，避免居住者夜里起床迷迷糊糊时，看到镜子反射出来的影像受到惊吓。

玄关墙上悬挂定制的装饰镜或成品全身镜，在实用的同时还可以起到一定的装饰作用。玄关空间比较小的家中，可以考虑选择小型的装饰镜悬挂在玄关柜的上方，会带来意想不到的装饰效果。

过道中的装饰镜宜选择大块面的造型，横竖均可，面积太小的装饰镜起不到扩大空间的效果。但最好不要在过道尽头的墙面挂放装饰镜，否则会让人觉得前面还有空间可以走，容易撞到发生意外。

△ 卧室中的装饰镜适合挂在与床头平行的墙面上

△ 过道上的装饰镜起到提亮空间的作用，所以尺寸不宜太小

△ 玄关处的装饰镜宜挂放在门开启方向的另一侧墙面上

三 工艺品壁饰应用

1 应用重点

软装中的工艺品壁饰是指将工艺品以悬挂的方式作为室内空间的装饰元素。工艺品壁饰可以随时更换，能立即改变空间氛围，起到补充、点缀墙面效果的作用。不同的功能空间适合装饰材质、造型、色彩、尺寸上不同的工艺品壁饰。

黄金法则和常用技巧

工艺品壁饰的种类很多，形式也非常丰富，应与被装饰的室内空间氛围相谐调。但这种谐调并不是完全一致，而是要求工艺品壁饰在特定的室内环境中，既能与室内的整体装饰风格、文化氛围谐调统一，又能与室内的其他物品，在材质、肌理、色彩、形态等某一个方面，显现出适度的对比以及差异感。

△ 多个工艺品壁饰在布置时应遵循一定的构图原则

△ 工艺品壁饰的色彩应注重与墙面、家具以及其他软装元素的协调性

　　客厅的软装元素在风格上保持统一才能保证整个空间的连贯性，将工艺品壁饰的形状、材质、颜色与同区域的饰品相呼应，可以营造出非常好的协调感。美式乡村风格客厅通常会挂老照片、装饰羚羊头壁饰；工业风客厅常常出现齿轮造型的壁饰；现代风格客厅，金属壁饰是一个非常不错的选择；小鸟、荷叶以及池鱼元素的陶瓷壁饰则适合出现在中式风格的客厅背景墙上。

　　餐厅如果是开放式空间，应该注意软装配饰在空间上的连贯性，在色彩与材质上的呼应，并协调局部空间的气氛。例如餐具的材料如果是带金色的，在工艺品壁饰中加入同样的色彩，有利于形成流畅的视觉感，营造舒适的空间氛围。

△ 中式风格空间中的荷叶造型挂件

△ 北欧风格墙面常见麋鹿头造型的工艺品壁饰

△ 挂盘是餐厅墙面常见的工艺品壁饰，常以组合的形式出现

卧室的工艺品壁饰应选择图案简单，颜色沉稳内敛的类型。扇子是古时文人墨客的一种身份象征，有着吉祥的寓意。圆形的扇子饰品配上长长的流苏和玉佩，是装饰背景墙的最佳选择。别致的树枝造型壁饰有多种材质，例如陶瓷加铁艺，还有纯铜加镜面等，相对于挂画更加新颖，富有创意，给人耳目一新的视觉体验。

儿童房的布置应创新有童趣，颜色应相对多彩和温暖，墙面上可以是儿童喜欢的能引发想象力的装饰，如儿童玩具、动漫童话壁饰、小动物或小昆虫壁饰、树木造型壁饰等。

茶室工艺品壁饰的选择宜精致、有艺术内涵，常带有莲叶、池鱼、山水等具有自然格调的元素，与茶文化气质相呼应。

黄金法则和常用技巧

茶室在中式风格里比较常见，装饰宜精而少，常用一两幅字画、些许瓷器点缀墙面，以大量的留白来营造宁静的空间氛围。

△ 呈不规则排列的墙面挂件让轻奢风格空间呈现出一种高级的品质感

△ 色彩丰富的挂盘营造活泼童趣的主题

△ 带流苏的扇子在传统文化中寓意吉祥，适合中式墙面的装饰

△ 茶室墙面上白色荷叶与鱼的陶瓷挂件带有吉祥美好的寓意